메이크업 디자인을 위한

Pattern Book

박정신 허윤정 지음

청구문화사

머 리 말

뷰티 일러스트레이션은 메이크업 분야에서 필수 기초 과정으로 메이크업 이미지를 미리 확인 해 볼 수 있다는 측면에서 중요하다.

'메이크업 디자인을 위한 Pattern Book'은 일러스트를 이해하는 기초 이론과 표현 도구 및 재료의 특성을 기반으로 창의적인 메이크업 디자인을 시각적으로 표현하기 위한 다양한 메이크업패턴 이미지를 구성하였다.

Chapter 1에서는 일러스트의 이해와 일러스트를 표현하기 위한 다양한 도구와 재료에 대해 살펴보았다.

Chapter 2에서는 창의적인 메이크업을 이미지화할 수 있도록 얼굴의 좌, 우 측면, 정면, 상반신 바디, 전신바디, 패션바디의 일러스트 패턴을 구성하여 메이크업작품의 완성도를 높일 수 있도록 구성하였다.

본 교재는 여러 유형의 메이크업 이미지를 구체화하고 실제적 완성에 활용할 수 있도록 개성있는 얼굴과 상반신, 그리고 바디 일러스트 패턴을 다양하게 구성하였다.

마지막으로 이 책의 출판에 도움을 주신 청구문화사 이상태 대표님과 직원분들께 깊은 감사를 드린다.

2022년 8월

저자 일동

목 차

CHAPTER 1

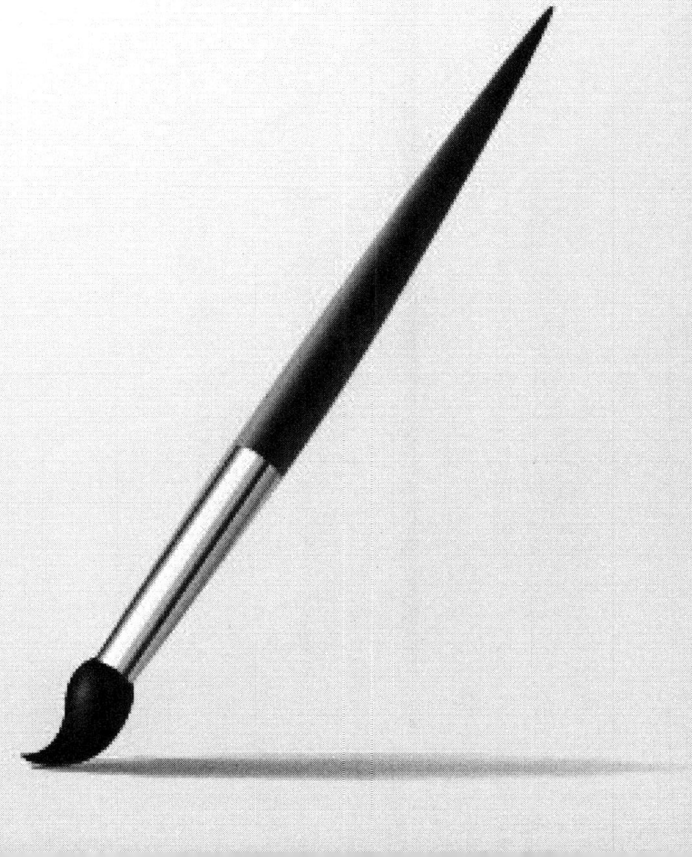

일러스트의 이해

일러스트레이션의 어원은 사전적 의미로 'to make light'로 보이지 않는 대상에 빛을 비추어 육안으로 볼 수 없는 세계, 즉 감정이나 사상을 시각화하여 명확하게 제시한다는 것이다.

일러스트레이션은 인류의 발생 초기로부터 그 기원을 두고 지금까지 이어지고 있으며, 문자를 제외한 그림이나 사진, 도표 등 문장의 보조적 기능은 물론 독립된 작품으로서의 역할을 통해 내용을 효과적으로 전달하는 시각적인 조형 활동이다.

모든 그림에는 각각의 고유한 테크닉으로 하여금 의미와 메시지를 전달하곤 한다. 즉 특정의 내용을 시각적 전달체계로써 이미지화하여 그림으로 나타내는 것을 말하며, 이것이 일러스트레이션의 시작이라 할 수 있다.

일러스트레이션은 시각적 조형을 기초로 하며, 이성적 사고보다는 느낌을 우선시한다. 즉, 그림이라는 형태를 빌어 감정을 표현하는 시각언어로 개인과 사회를 연결시켜 주는 역할을 한다. 따라서 일러스트레이션은 의사 전달의 목적을 위해 시각언어의 형태로 제작되어지는 목적미술의 하나이다. 여기서 목적이란 주제를 명확하게 시각화하는 것을 의미하고 그림은 테마를 표현하는데 가치를 둔다. 한마디로 책이나 잡지 신문 등에서 문장의 내용을 돕기 위하여 곁들인 그림을 말한다.

일러스트레이션은 사진으로 표현할 수 없는 부분을 작가의 관점에서 시각적으로 설명할 수 있다는 장점으로써 독자들을 이해시키고 상상의 폭을 더욱 넓혀주어 흥미를 유발시켜 준다.

현대에 이르러 일러스트의 종류는 출판, 광고 스토리보드, 3D, 패션, 그리고 뷰티영역으로 점차 그 영역이 넓어지면서 종류도 다양해지고 세분화되어 가고 있다. 특히 뷰티분야에서의 일러스트레이션은 작품발상에 활용하고 이미지 메이킹의 결과를 미리 확인 해 볼 수 있다는 측면에서 뷰티프로세스에 반드시 필요한 과정이라 할 수 있다.

일러스트 표현 도구 및 재료

종이 Paper

종이(紙) 또는 페이퍼Paper는 책의 재료로 쓰이고, 글을 쓰는데 사용되며, 종이의 성질에 따라 유분을 흡수할 수 있어 화장에 쓰이기도 하는 등 다양하게 범용된다.

• 종이의 종류

두께를 중심으로 분류하면 얇은 것에 미농지 · 화선지, 창호지, 갱지, 화장지, 셀로판지, 모조지, 신문지가 있고, 두꺼운 것에는 켄트지, 도화지, 목탄지, 아트지, 장판지, 골판지 등이 있다.

• 종이의 규격 및 무게

종이의 규격

종이의 규격은 수많은 표준이 있으며, 나라와 시기에 따라 다르다. 오늘날 쓰이는 크기에는 크게 두 가지로 나뉘는데 하나는 대한민국에서 활용하는 국제 표준인 ISO A형(A4 등 A 계열)과 B형을 추가로 사용한다. 나머지 하나는 북아메리카(North American) 크기이다. 제조 효율에서는 표준으로 설계된 크기인 ISO A형이 활용성과 효율이 좋다. 대한민국에서는 국제 표준을 기준으로 종이를 만들어 사용한다.

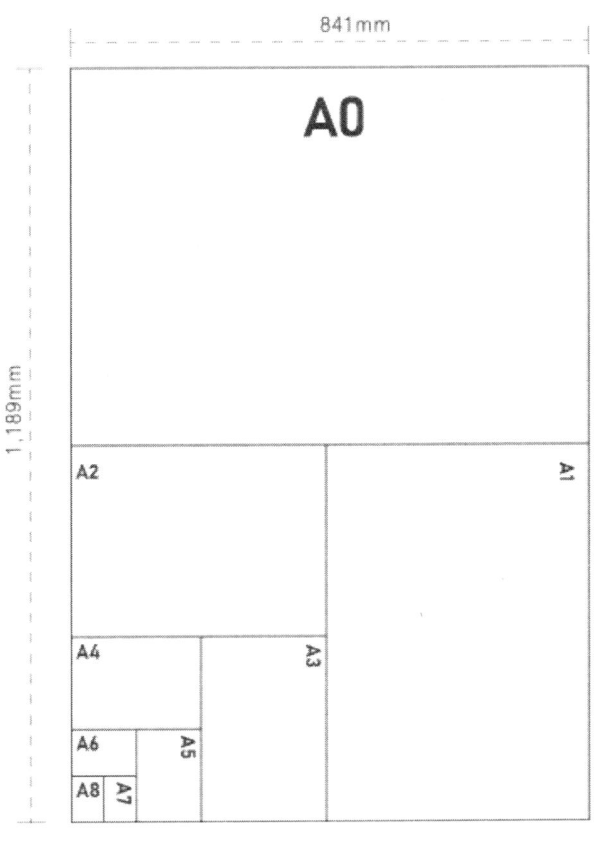

A 크기

크기	mm x mm
A0	841x1,189mm
A1	594x841mm
A2	420x594mm
A3	297x420mm
A4	210x297mm
A5	148x210mm
A6	105x148mm
A7	74x105mm
A8	52x74mm

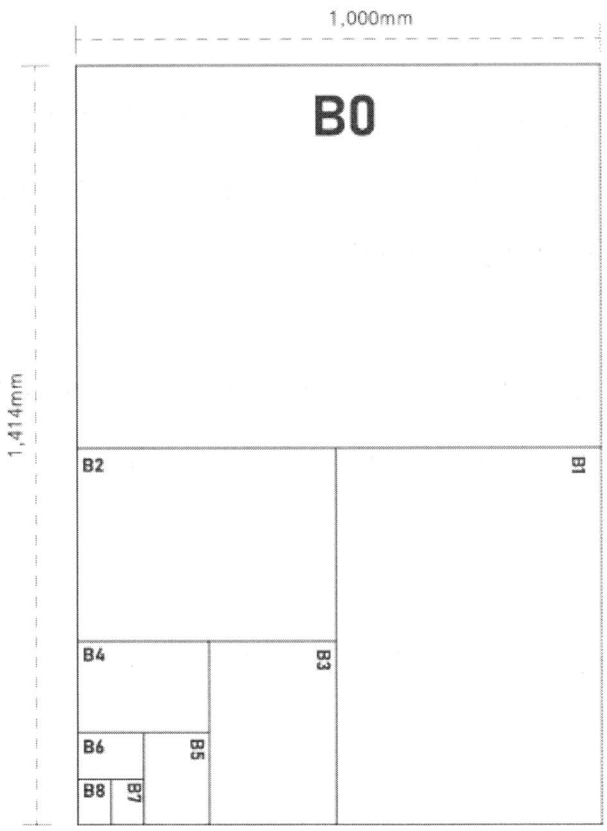

B 크기	
크기	mm x mm
B0	1,000x1,414mm
B1	707x1,000mm
B2	500x707mm
B3	353x500mm
B4	250x353mm
B5	176x250mm
B6	125x176mm
B7	88x125mm
B8	62x88mm

종이의 무게

같은 종이라도 두께가 다 다르다. 종이의 무게는 평량(1제곱 미터당 무게)이라 하며 g/㎡, gsm, lbs로 표기한다. gsm(Gram per Square Meter)은 1㎡(평방 미터)의 종이 무게(평량)이며, 120gsm 또는 120g/㎡의 경우 가로 1m, 세로 1m 종이의 무게가 120g을 뜻한다.

지우개 Eraser

지우개(Eraser)는 1770년 잉글랜드의 공학자인 Edward Nairne이 발명 대회를 위해 최초로 고무 지우개를 개발한 것으로 보고되고 있으며, 영어로 이레이저(서)(Eraser)이지만, 영국에서는 처음 사용된 물질에서 기인하여 고무를 의미하는 러버(Rubber)라고도 부른다.

주로 연필과 같이 흑연(연필 심 재료) 등으로 생긴 자국을 지우는데 사용하며, 고무나 플라스틱이 주성분인 도구이다.

지우개는 고무의 소자성(글자를 지우는 성질)이 뛰어난 점을 이용하여 만들어진 것으로, 주로 연필이나 샤프 등을 이용해 그린 그림이나 글을 지울 때 사용한다.

지우개의 종류 중 플라스틱 지우개는 플라스틱에 가소제를 넣어 만든 지우개이다.

생고무를 주원료로 해서 배합 ·혼합→성형→재단의 공정을 거쳐 만드는 방법과 식물유(채종유)와 염화황을 주원료로 해서 배합→화학반응→재단의 공정을 거쳐서 만드는 방법 등이 있다.

연필 Pencil

연필(Pencil)은 나무로 된 몸통에 흑연으로 된 심을 넣어서 만든 도구이다. 모든 연필은 경도(굵기)와 농도(진하기) 별로 10H, 9H, 8H, 7H, 6H, 5H, 4H, 3H, 2H, H, F, B, 2B, 3B, 4B, 5B, 6B, 7B, 8B, 9B, 10B, 11B, 12B내에서 구분한다. 한국산업표준 KSG2602에서는 9H~H, F~6B로 구분한다.

H는 영어 hard의 머리글자이며, B는 black의 머리글자이다. 높은 숫자의 H심의 숫자가 높아질수록 연필심이 딱딱하고 흐리게 쓰이며 B, 2B, 3B, 4B … B심의 숫자가 높아질수록 흑연이 많아 진하고 부드럽다.

- **HB 연필**: 일러스트에서 많이 사용되고 H와 B의 중간 정도의 연필로 가장 무난하게 사용할 수 있는 일반적인 연필이다.

- **B 연필**: 숫자가 높아질수록 흑연이 많아지기 때문에 더욱 부드럽고 진하게 표현되며 보통 명암 표현이 중요한 소묘 수업에서 보통 4B 연필을 많이 사용한다.

- **H 연필**: 숫자가 높아질수록 흑연이 덜하고 딱딱해지며 연해지기 때문에 날카롭고 세밀한 작업을 할 때 사용하기 좋은 연필이다. 컬러 작업을 하는 일러스트나 수채화, 유화에서는 흑연이 많아지면 안되기 때문에 보통은 HB나 H 종류의 연필을 주로 사용한다.

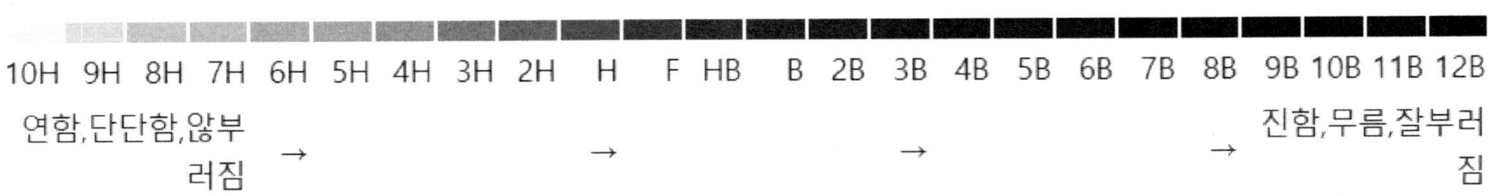

석판인쇄 및 금속면용과 석재면용(9H~7H연필), 정밀제도 및 복사용(6H~3H연필), 학습용·사무용·사진수정용(2H~B연필), 속기용·건축제도용(2B~3B연필), 미술용(4B~6B연필), 뷰티일러스트레이션(2H~4B연필)등이 있다.

색연필 Colored pencil

색연필(Colored pencil)은 안료를 심으로 만들어 연필처럼 가공한 것으로 종이에 색이 있는 그림을 그릴 때 쓰는 미술 도구이다. 손에 잘 묻지 않고 색이 번지지도 않으며, 연필처럼 잡고 종이에 그려 주면 되기 때문에 사용이 편리하다는 점을 들 수 있다.

• 수성 색연필

물에 번지므로, 색연필로 칠한 다음 젖은 면봉 등으로 문질러 그리는 수채화처럼 부드러운 연출에 좋다.

• 유성 색연필

안료를 고정시키는 바인더의 종류에 따라 오일 색연필과 왁스 색연필로 나눌 수 있다. 유성 색연필은 물과 잘 섞이지 않는다는 점을 이용하여 색연필로 먼저 그림을 그린 뒤 색연필이 묻지 않은 부분을 물감으로 칠하는 식의(이른바 배틱 기법) 응용이 가능하다.

유성 색연필은 물을 묻혀도 색상이 그대로 남아있게 되며 보존력과 발색력이 높은 것도 특징이다. 따라서 색연필과 수채화의 느낌을 분리해서 사용하고 싶을 때, 세부적인 묘사를 하고 싶을 때는 수성보다는 유성 색연필을 사용하는 것이 좋다.

• 파스텔 색연필

파스텔을 연필 형태로 사용하는 것으로 일반적인 색연필보다 심이 훨씬 굵다.

파스텔 Pastel

파스텔(Pastel)은 크레용의 일종이며, 순수 가루의 그림물감과 접합재로 이루어진 막대 모양의 미술 도구이며, 천연물질과 찰흙과 풀로 구성된다. 17세기 후기 뒤므스체에 의하여 시작되었고, 18세기에 이르러 배네치아의 한 규수 작가 로자르바 쿠완탄 드라츠르에 의하여 인정되고 한때 유화에 불안을 안겨줄 만큼 유행하였다. 막대 모양으로 굳혀져 있고 경질, 연질의 두 종류가 있다. 그리고 일반적으로 부서지기 쉽고 연질이어서 촉감이 좋다. 유화나 수채화처럼 두껍게 칠하는 것이 아니라 문질러대듯이 하여 빛깔을 병치(倂置)하는 방법으로써 비로드와 같이 부드러울 뿐 아니라 다양한 컬러무드를 낼 수 있다.

완성작은 목탄화와 마찬가지로 픽사티프(정착액)를 분무기로 뿌려서 정착하여 보관한다. 파스텔화의 용지로는 흡수성이 있는 종이나 표면에 결이 있는 종이가 적합하다. 켄트지처럼 결이 촘촘하고 반들반들한 원질(原質)의 것은 적합하지 않다. 노랑 보르지나 라샤지와 같은 바탕색이 있는 종이는 밝은 파스텔로 강조하여 그리면 효과가 있다.

수채화 물감 Water color

수채화 물감(Water color)은 물감의 한 종류로서 물에 풀어서 사용하는 물감 혹은 그것으로 그린 그림을 뜻하고 있으며, 물의 농도에 따라 색의 조절이 가능하다. 물의 양에 따라 투명 수채화와 불투명 수채화로 나눈다. 종이에 그리고 난 뒤에 다른 재료들을 얹어 주기 용이하며 그 위에 색연필이나 파스텔, 라인펜 등을 사용하면 좋다.

수채화는 수채 전용 용지에 사용하는 것이 좋다. 켄트지는 수채화 용지와 다르게 종이가 약해 몇 번 문지르면 표면이 벗겨지고 발색부터 차이가 난다. 종이가 좋아야 물감의 발색도 좋고 기법 구사도 자유로운 편이기 때문에 수채화에서 종이는 가장 중요한 재료이다.

수채화 기법으로는 번지기 기법(Wet in wet), 덧칠 기법 (Wet in dry), 드라이 브러시 (Dry brush: Dry in dry), 습식 기법 (Dry on Wet)이 있다.

아크릴 물감 Acrylic paint

아크릴 물감(Acrylic paint)은 수용성으로 물과 희석해 사용할 수 있으며, 아크릴 에스테르 수지를 재료로 만들어진 물감으로 건조가 빠르고, 종이뿐만 아니라 다양한 재료에 칠을 할 수 있다.

아크릴 물감은 물을 쓰지만 굳은 뒤에는 물에 녹지 않는 성질을 가지고 있다. 건조가 되면 수정하기가 어려워서 건조시간을 늦추기 위해 리타더를 사용한다. 그리고 물감 자체가 굳으면 지움액을 사용하여 녹여내야 한다.

에어브러쉬 물감 Air brush

에어브러시(Air brush)는 말 그대로 공기압(Air)을 붓(Brush)처럼 사용하는 기법으로 콤프레셔나 에어캔에서 공급되는 압축 공기를 뿜어내서 그 분출 효과로 노즐에서 도료를 빨아내어 안개 상태로 만들어 뿌리는 구조다.

자신이 원하는 색을 원하는 농도로 뿌릴 수 있고, 기종에 따라서는 분사폭이나 표현도 자유자재로 할 수 있다. 작품의 디자인에 따라 원하는 문양을 스텐실(Stencil)을 만들어 사용하면 편리하게 사용할 수 있다. 에어브러쉬는 네일아트, 메이크업 분야 및 아트작품 등에서 많이 사용되며, 뷰티 메이크업에서 베이스 메이크업을 빠르게 도포할 때 사용된다.

마카펜 Marker Pen

마커펜(Marker Pen)은 1948년 미국에서 처음 개발되었고, 일본에서는 1952년부터, 대한민국에서는 1965년부터 생산되기 시작했다. 과거의 마커펜은 대부분 펠트형이었는데, 현재는 여러 가지 모양의 마커펜이 다양한 용도로 사용되고 있다.

자체에 잉크를 공급해주는 자체 잉크 공급원이 있고 펠트 또는 나일론 재질의 펜촉이 있는 펜이다. 마커(Marker), 마킹펜(Marking Pen), 펠트펜(Felt Pen), 마카펜(Makar)이라고도 한다.

펜촉의 크기는 다양하며, 그 크기에 따라 선의 굵기가 달라진다. 펜촉의 모양은 사각형과 원형이 있다. 원형 펜촉을 사용 할 경우 방향에 상관없이 비교적 일정한 두께로 표현된다. 사각형 펜촉은 방향에 따라 굵기가 달라진다. 펜 하나에 펜촉이 양쪽으로 있거나 분리가능하여 3개 이상 있는 경우도 있는데, 펜촉의 크기 또는 모양이 다르게 되어 있는 경우가 많다.

마커펜은 잉크의 성분에 따라 유성과 수성으로 나눌 수 있다.

• 수성 마커펜

필기감이 부드럽고 기름냄새가 없는 대신 내수성이 약하고, 종이 이외에는 사용하기 어려운 단점이 있으며, 칼라펜, 메모리펜류, 컴퓨터용 사인펜, 수성 OHP펜 등이 있다.

• 유성 마커펜

점착력이 우수하여 종이 이외에 플라스틱, 유리 등에도 쓸 수 있고, 빨리 건조되며, 내수성이 강한 장점이 있고, 매직, 네임펜, 보드마카, 유성 OHP펜 등이 있다.

메이크업 재료

- **색조 제품**

아이섀도우, 파우더 및 팩트를 사용하여 색연필이나 파스텔보다는 입자가 부드러워 섬세하게 색을 표현할 수 있으나 종이에 사용할 때는 착색력이 떨어질 수 있다. 색연필 및 수채화 물감을 함께 사용하면 더 효과적으로 사용할 수 있다.

- **Brush**

종이 위에 색이 뭉치지 않도록 강약을 조절할 수 있으며, 그라데이션을 표현할 때 사용한다.

- **면봉**

면봉은 작은 면적을 표현할 때 사용되며, 아이브로우, 아이라인, 아이섀도우와 같이 세밀한 곳을 표현할 때 사용한다.

- **티슈, 화장솜**

티슈 및 화장솜은 색을 부드럽게 펴줄 때 사용한다. 특히 화장솜은 블러셔, 립, 아이섀도우를 표현 시 채도 변화에 따른 그라데이션에 효과적이다.

CHAPTER 2

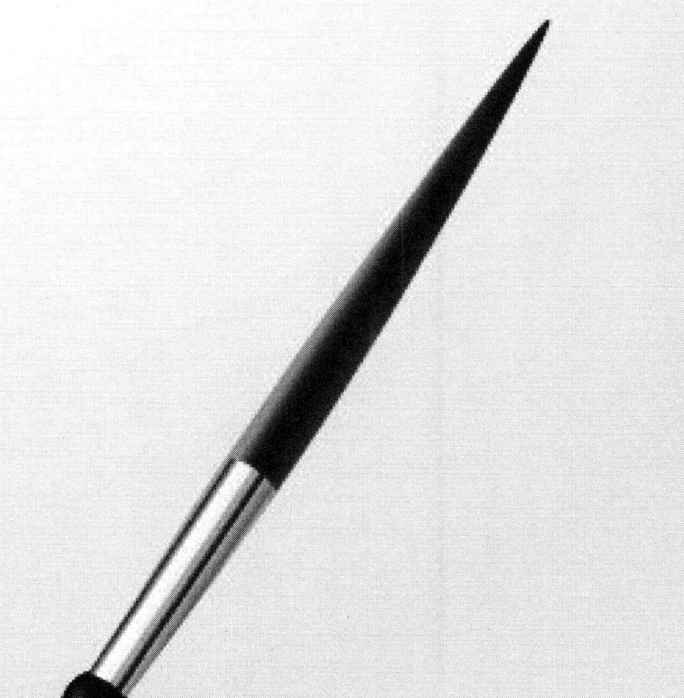

[얼굴 좌측 측면 1]

Date

Subject

Design Point

[얼굴 좌측 측면 2]

Date

Subject

Design Point

[얼굴 좌측 측면 3]

Date

Subject

Design Point

[얼굴 좌측 측면 4]

Date

Subject

Design Point

[얼굴 좌측 측면 5]

Date

Subject

Design Point

[얼굴 좌측 측면 6]

Date

Subject

Design Point

[얼굴 좌측 측면 7]

Date

Subject

Design Point

[얼굴 좌측 측면 8]

Date

Subject

Design Point

[얼굴 좌측 측면 9]

Date

Subject

Design Point

[얼굴 좌측 측면 10]

Date

Subject

Design Point

[얼굴 좌측 측면 11]

Date

Subject

Design Point

[얼굴 좌측 측면 12]

Date

Subject

Design Point

[얼굴 우측 측면 1]

Date

Subject

Design Point

[얼굴 우측 측면 2]

Date

Subject

Design Point

[얼굴 우측 측면 3]

Date

Subject

Design Point

[얼굴 우측 측면 4]

Date

Subject

Design Point

[얼굴 우측 측면 5]

Date

Subject

Design Point

[얼굴 우측 측면 6]

Date

Subject

Design Point

[얼굴 우측 측면 7]

Date

Subject

Design Point

[얼굴 우측 측면 8]

Date

Subject

Design Point

[얼굴 우측 측면 9]

Date

Subject

Design Point

[얼굴 우측 측면 10]

Date

Subject

Design Point

[얼굴 우측 측면 11]

Date

Subject

Design Point

[얼굴 우측 측면 12]

Date

Subject

Design Point

[얼굴 우측 측면 13]

Date

Subject

Design Point

[얼굴 우측 측면 14]

Date

Subject

Design Point

[얼굴 정면 A 1]

Date

Subject

Design Point

[얼굴 정면 A 2]

Date

Subject

Design Point

[얼굴 정면 A 3]

Date

Subject

Design Point

[얼굴 정면 A 4]

Date

Subject

Design Point

[얼굴 정면 A 5]

Date

Subject

Design Point

[얼굴 정면 A 6]

Date

Subject

Design Point

[얼굴 정면 A 7]

Date

Subject

Design Point

[얼굴 정면 A 8]

Date

Subject

Design Point

[얼굴 정면 B 1]

Date

Subject

Design Point

[얼굴 정면 B 2]

Date

Subject

Design Point

[얼굴 정면 B 3]

Date

Subject

Design Point

[얼굴 정면 B 4]

Date

Subject

Design Point

[얼굴 정면 B 5]

Date

Subject

Design Point

[얼굴 정면 B 6]

Date

Subject

Design Point

[얼굴 정면 B 7]

Date

Subject

Design Point

[얼굴 정면 B 8]

Date

Subject

Design Point

[상반신 바디(앞면) 1]

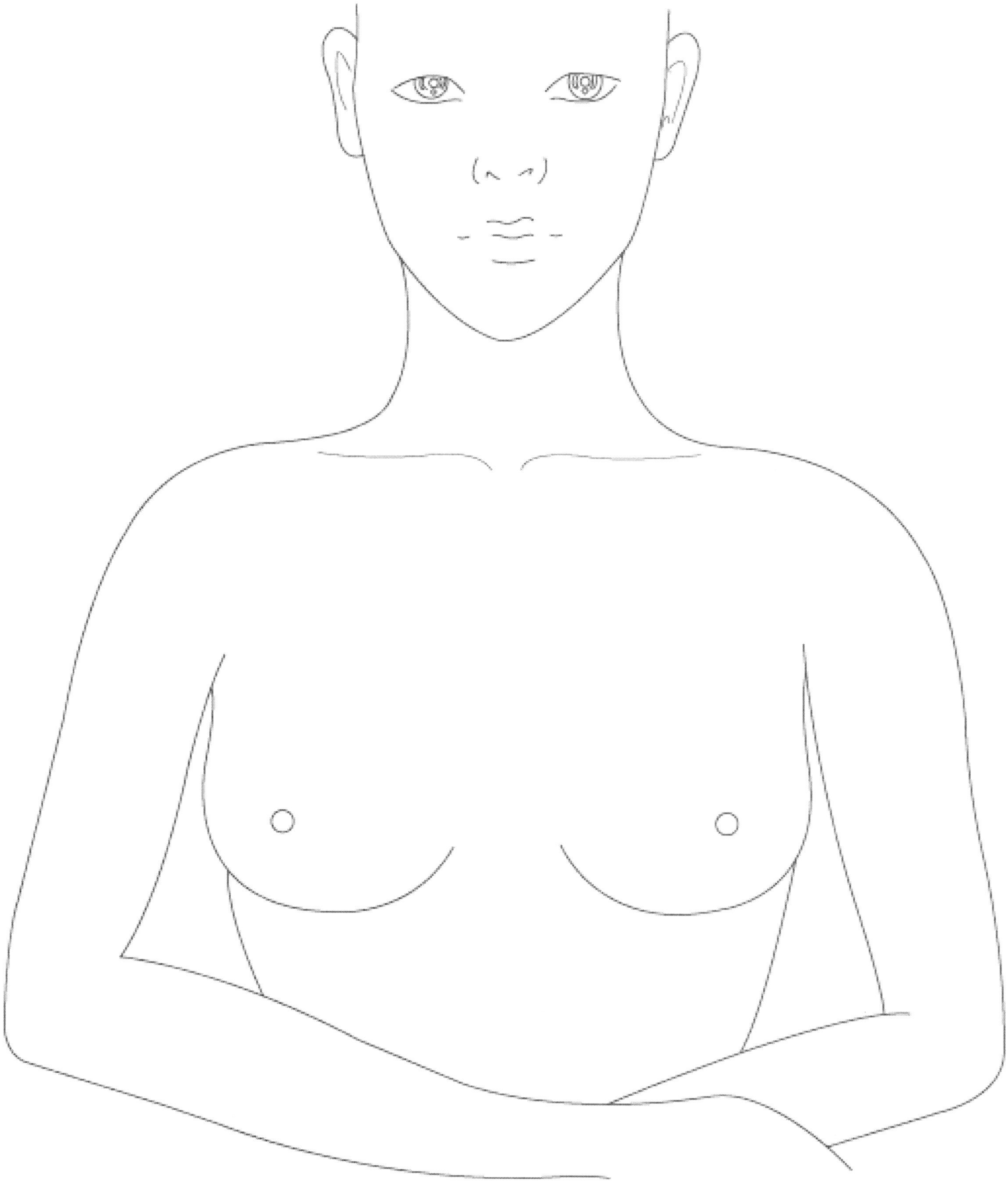

Date

Subject

Design Point

[상반신 바디(앞면) 2]

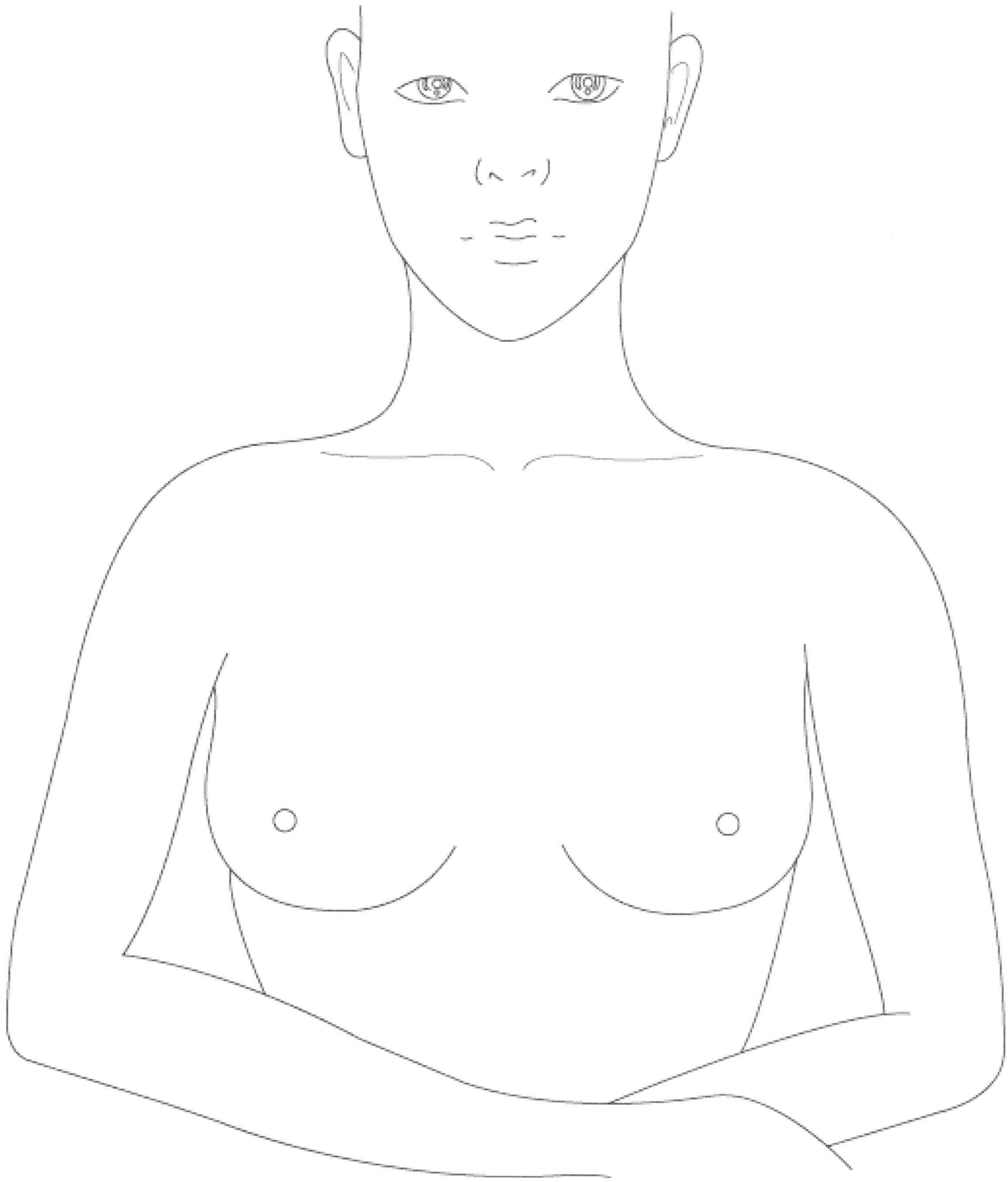

Date

Subject

Design Point

[상반신 바디(앞면) 3]

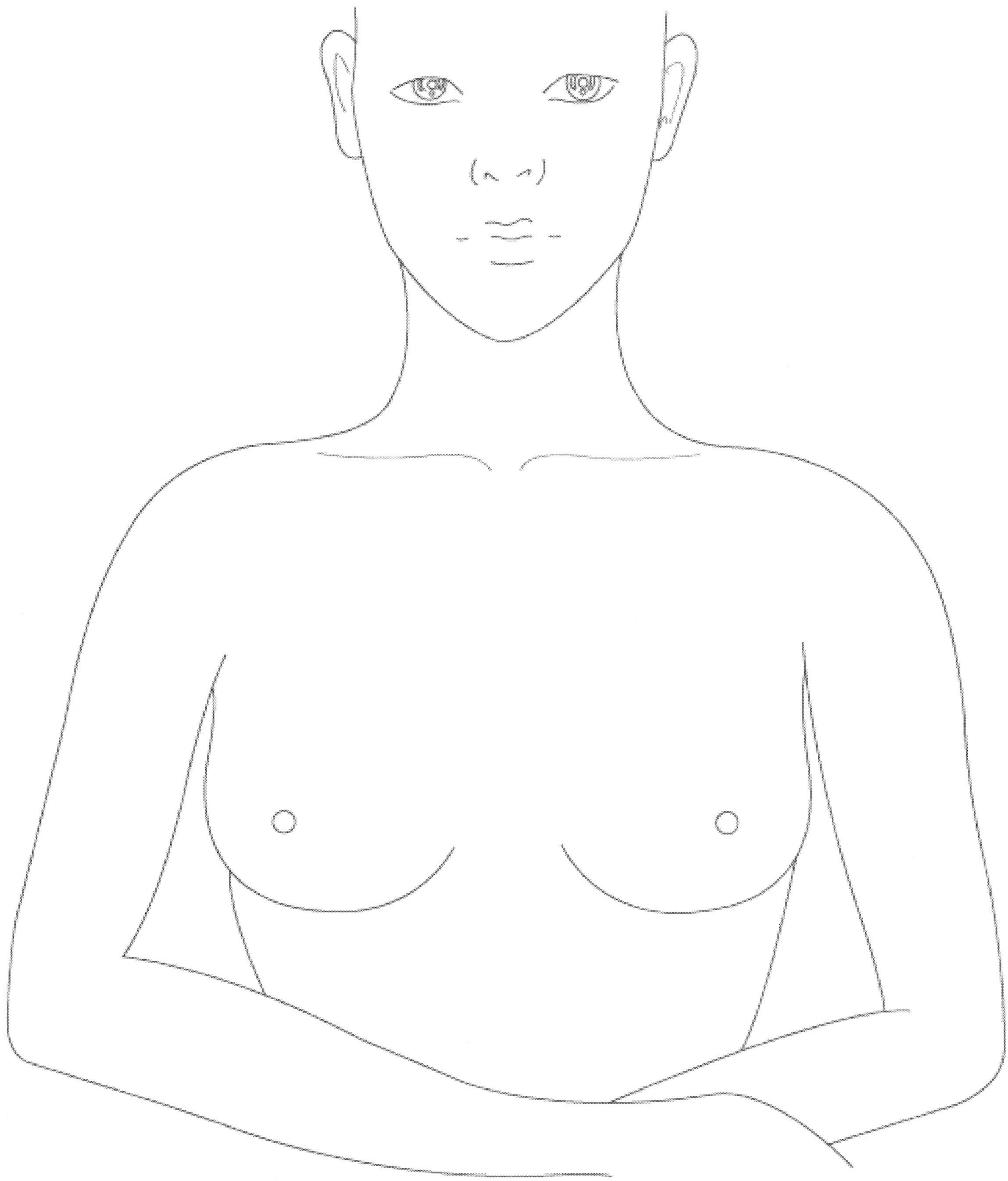

Date

Subject

Design Point

[상반신 바디(앞면) 4]

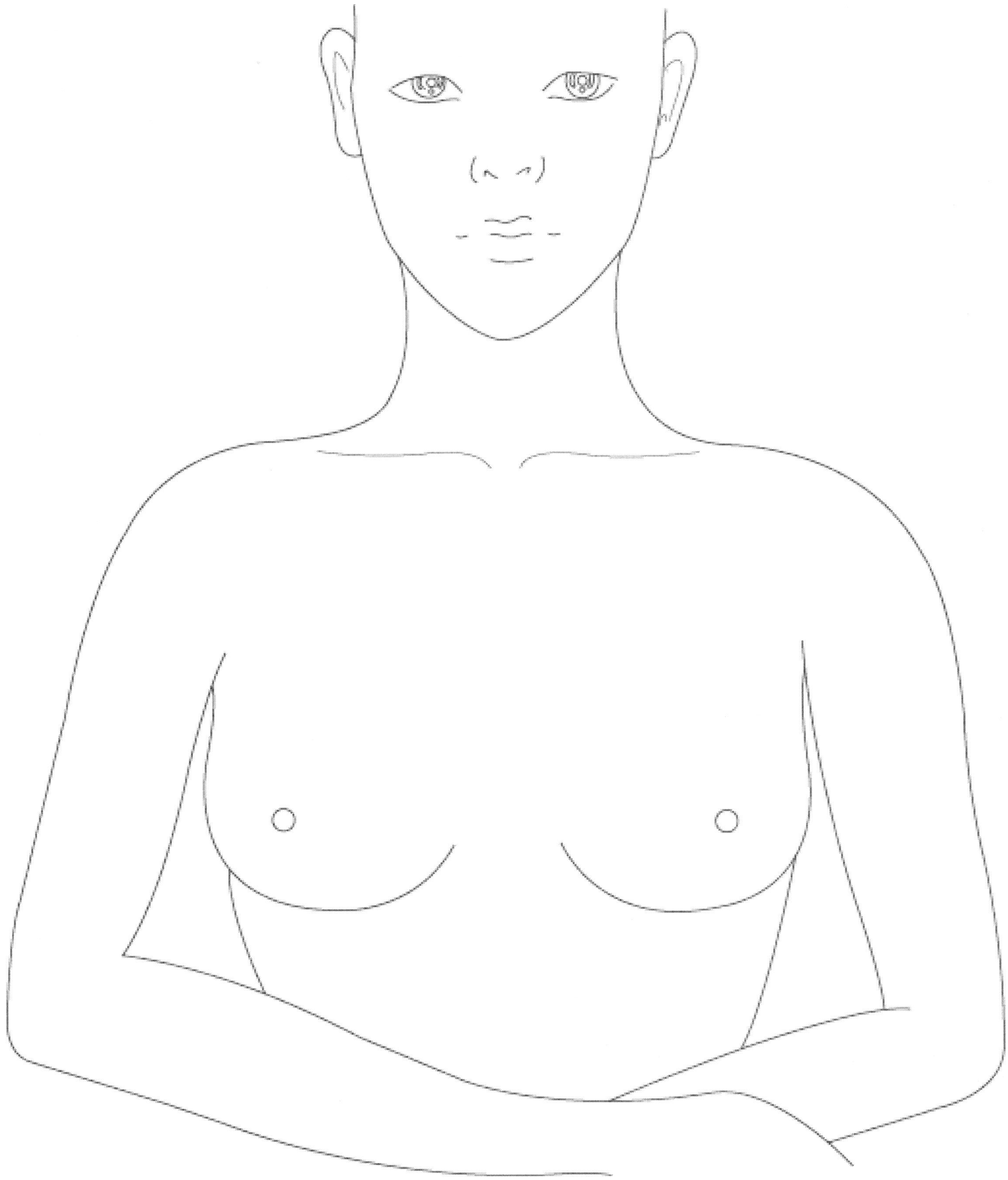

Date

Subject

Design Point

[상반신 바디(앞면) 5]

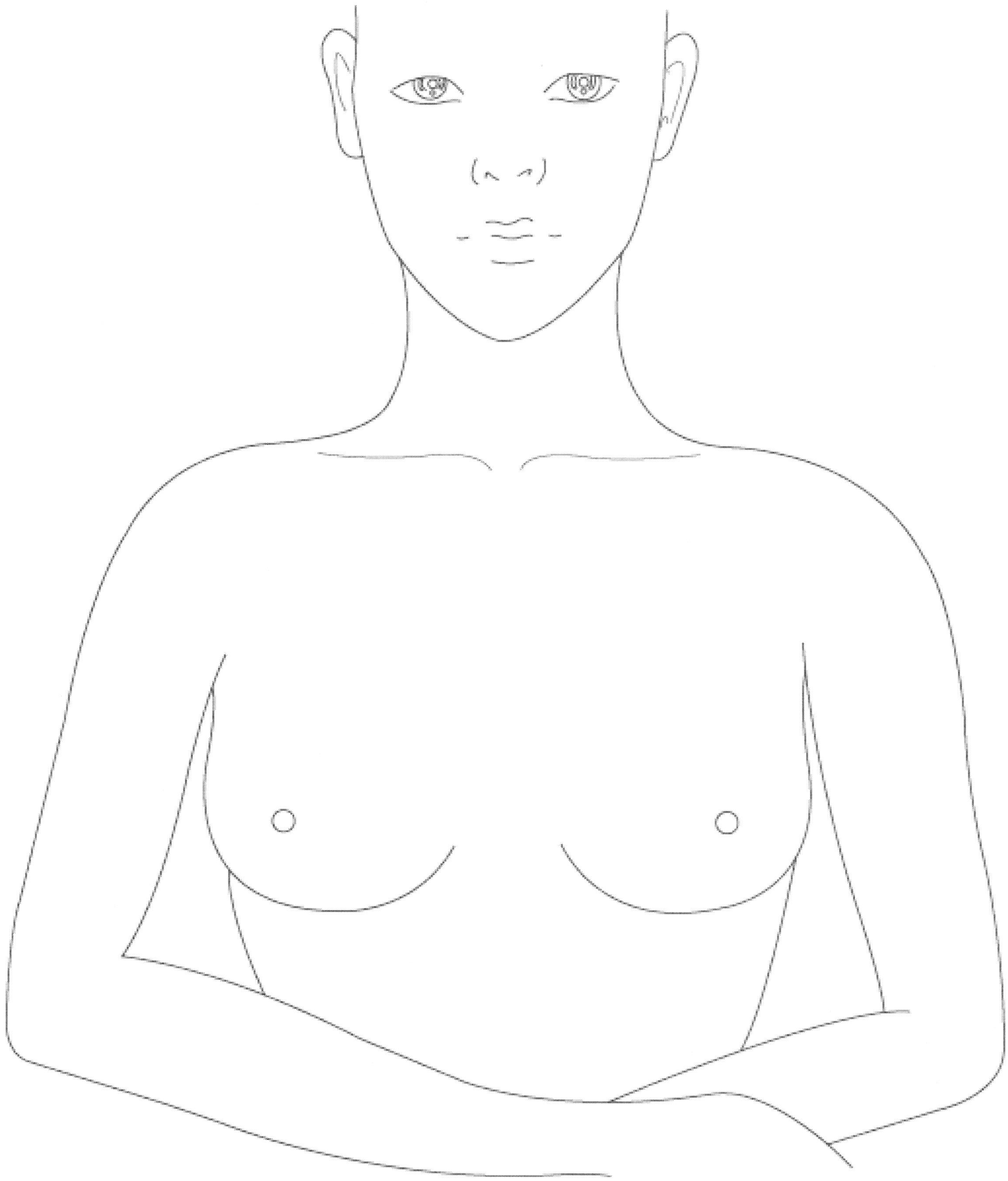

Date

Subject

Design Point

[상반신 바디(앞면) 6]

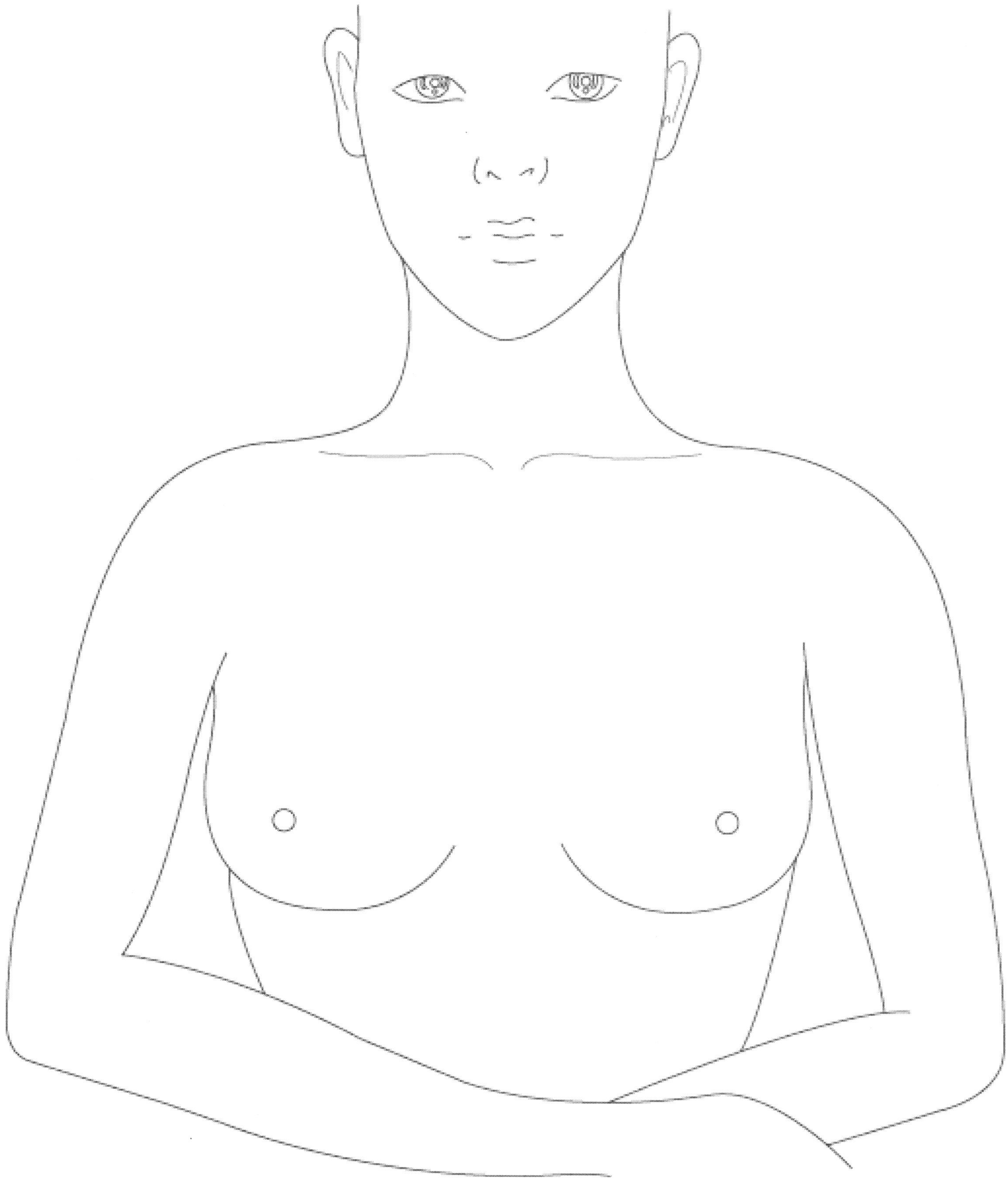

Date

Subject

Design Point

[상반신 바디(앞면) 7]

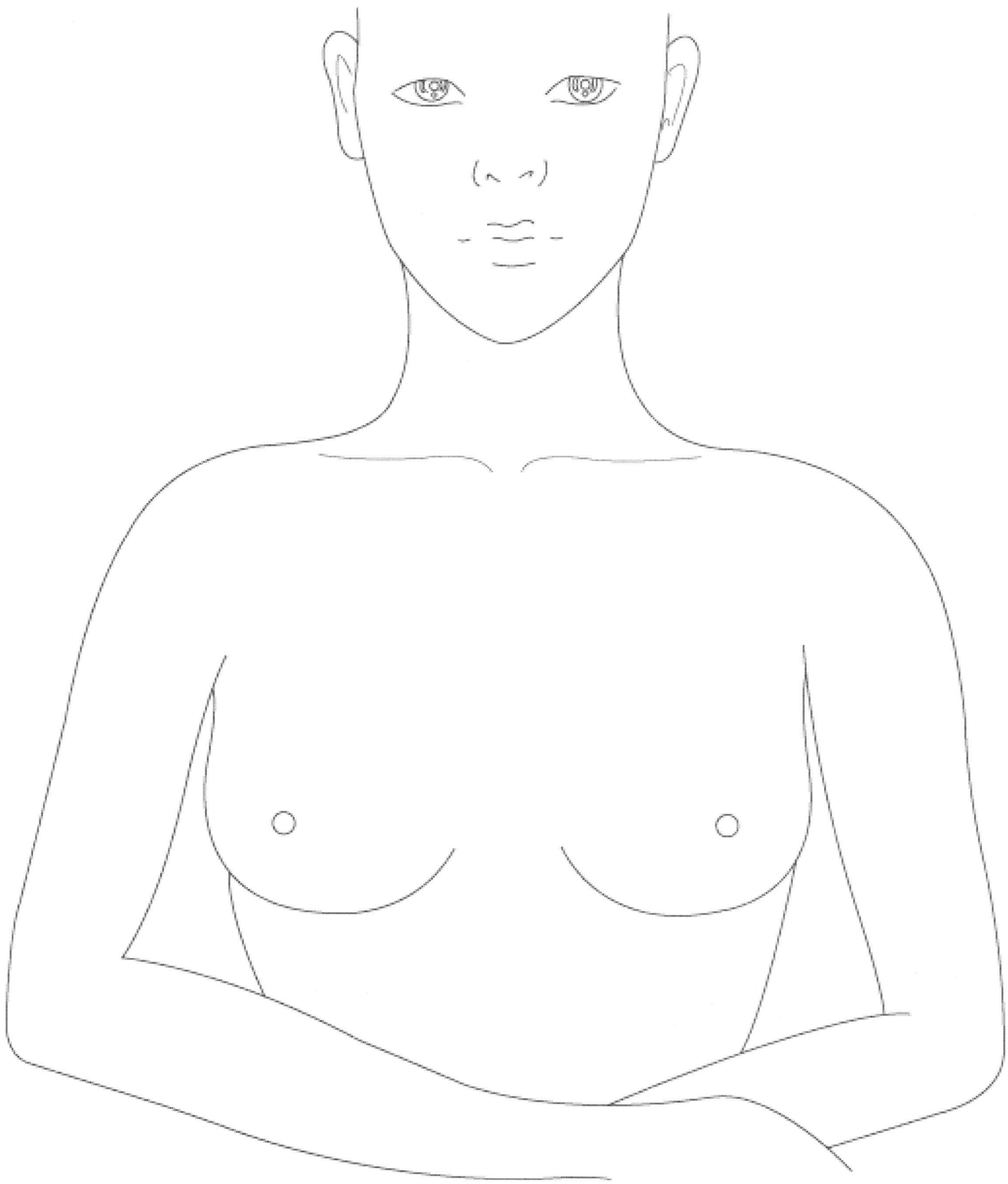

Date

Subject

Design Point

[상반신 바디(앞면) 8]

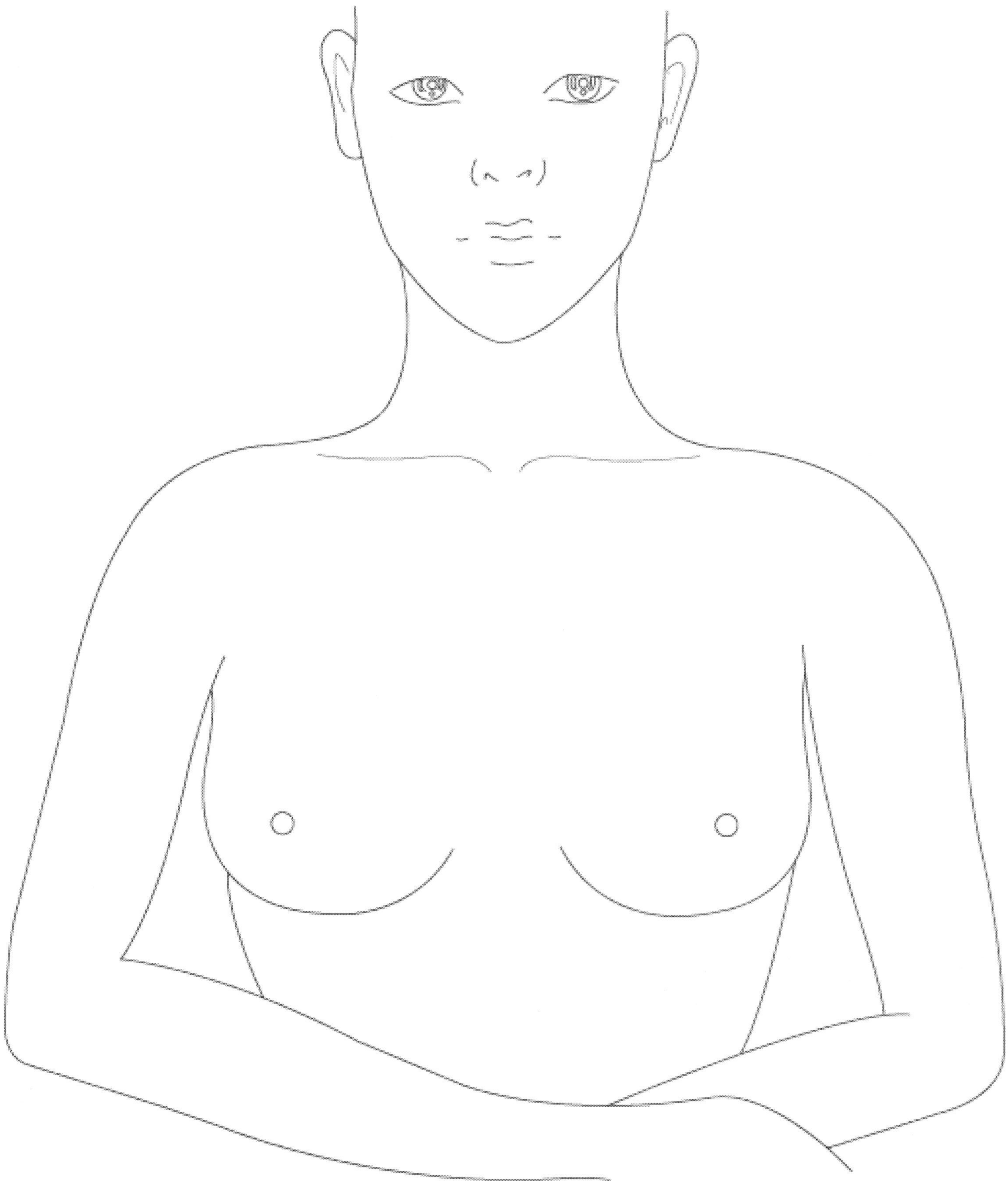

Date

Subject

Design Point

[전신 바디(앞면, 뒷면) A 1]

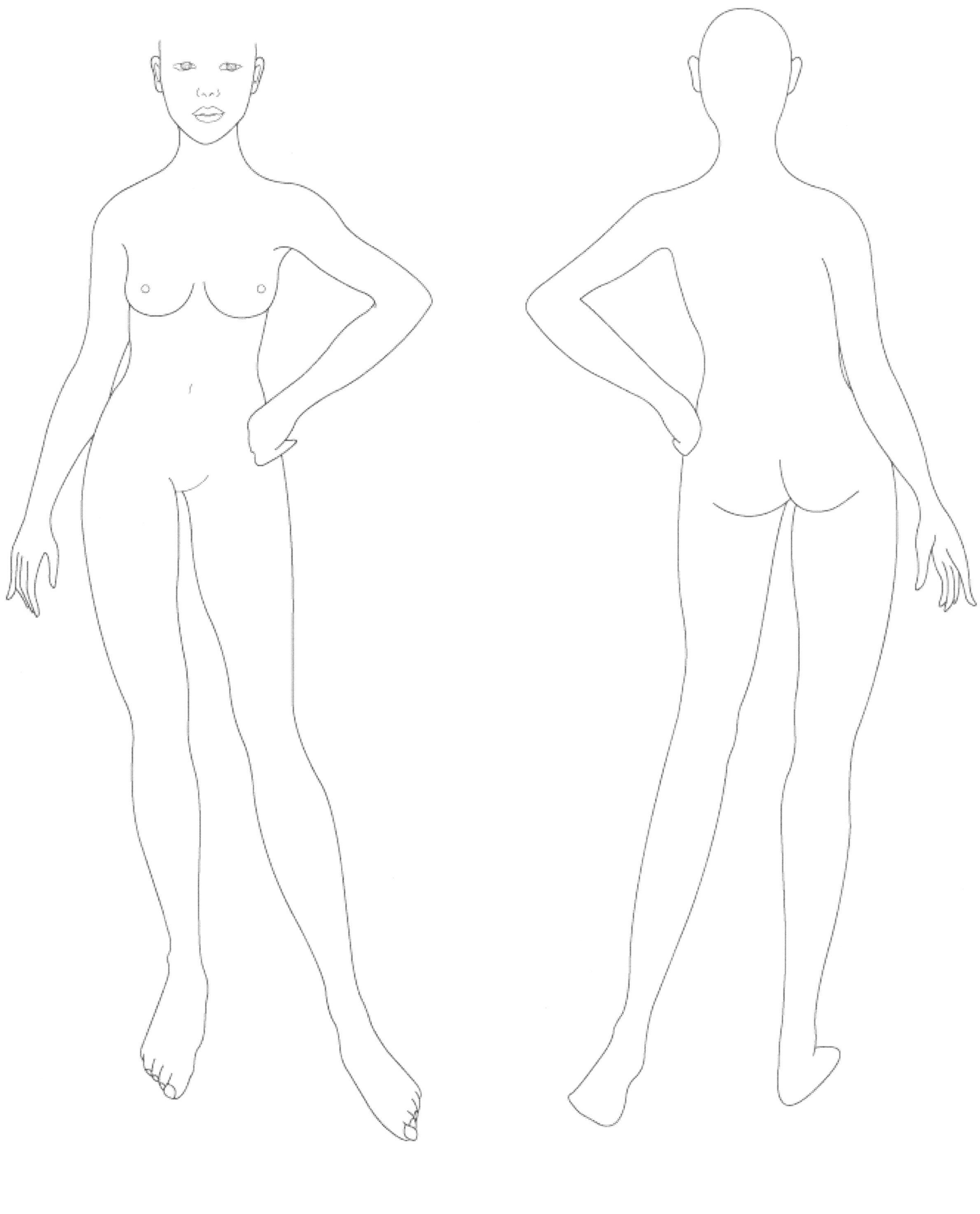

Date

Subject

Design Point

[전신 바디(앞면, 뒷면) A 2]

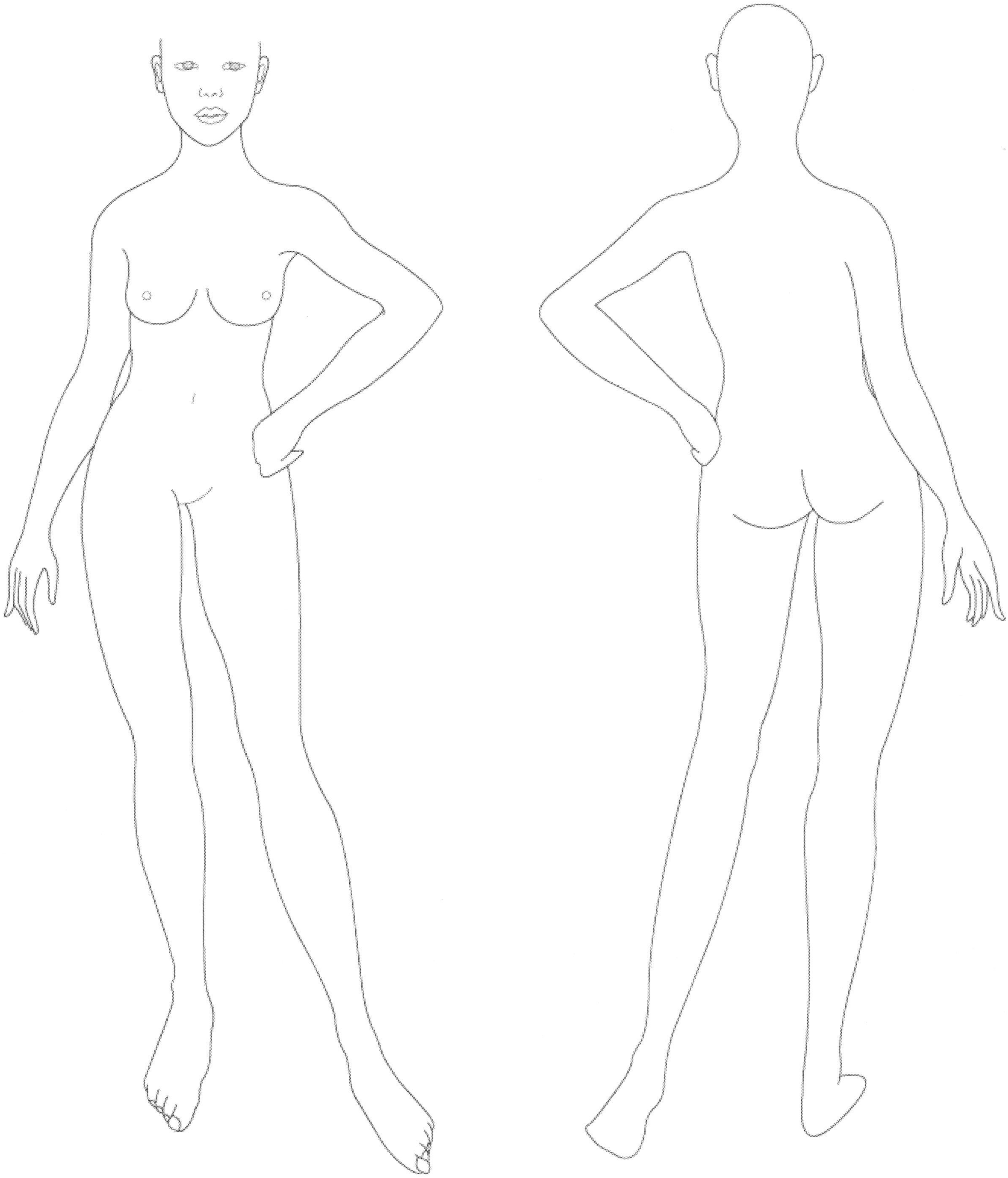

Date

Subject

Design Point

[전신 바디(앞면, 뒷면) A 3]

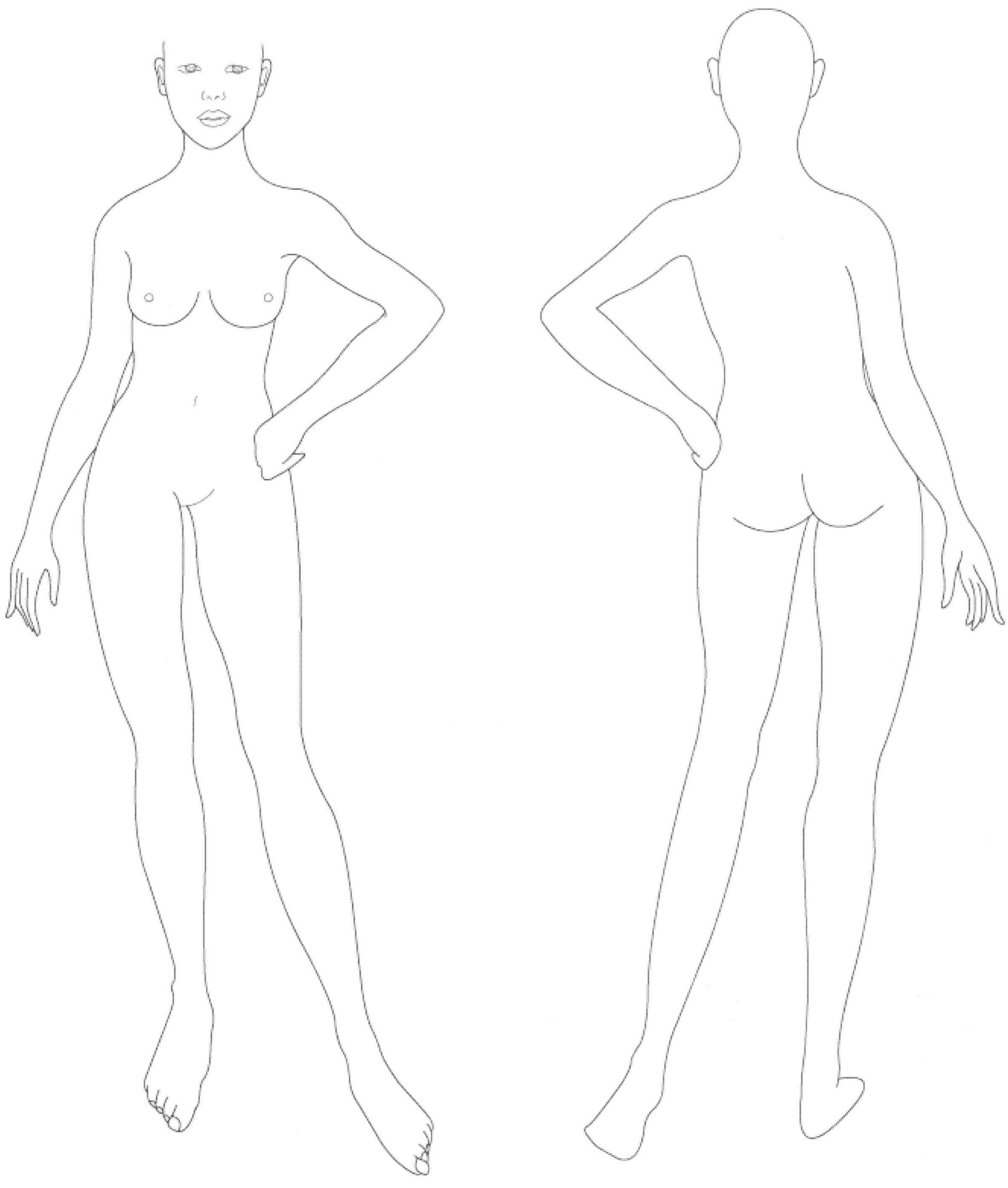

Date

Subject

Design Point

[전신 바디(앞면, 뒷면) A 4]

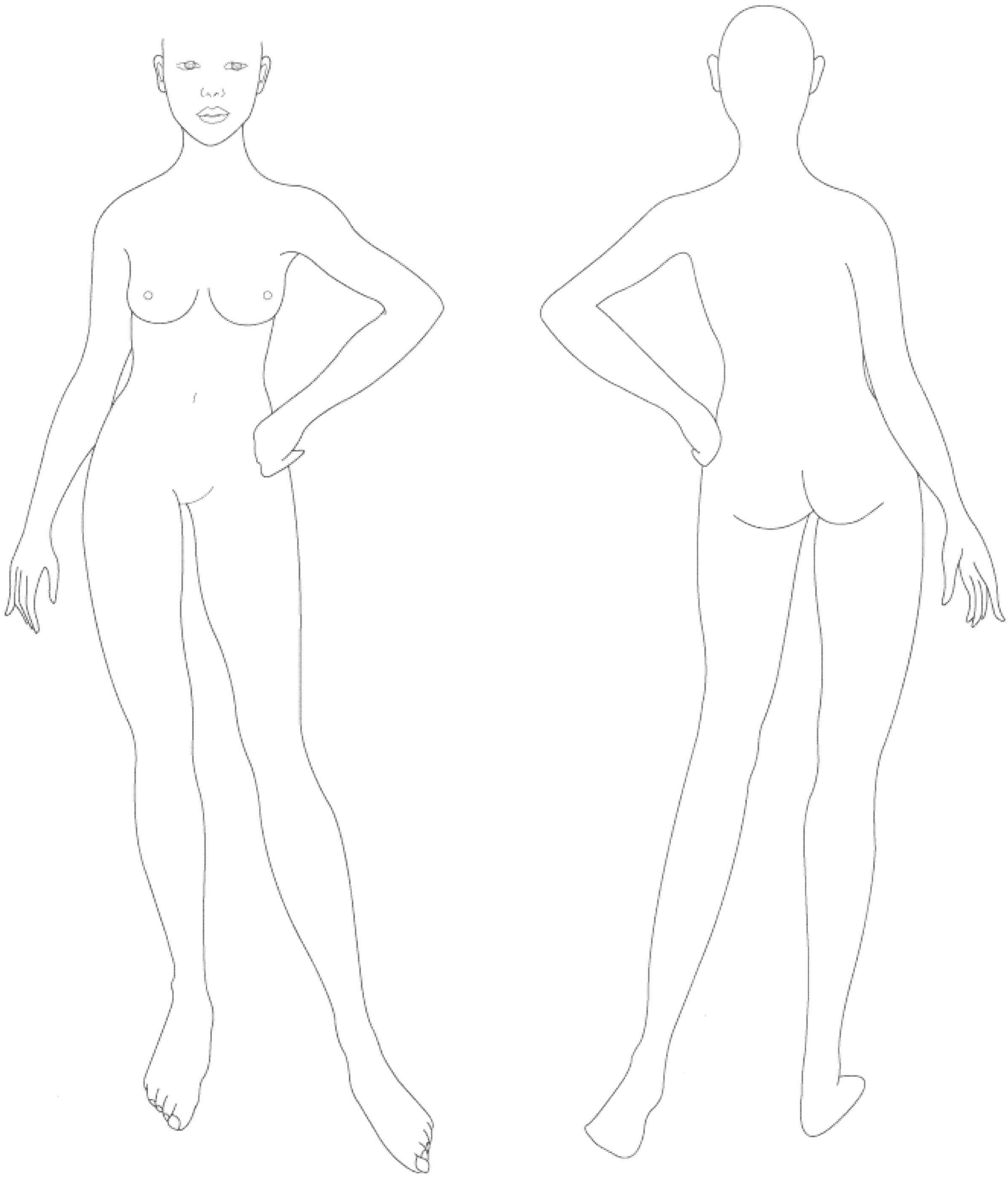

Date

Subject

Design Point

[전신 바디(앞면, 뒷면) A 5]

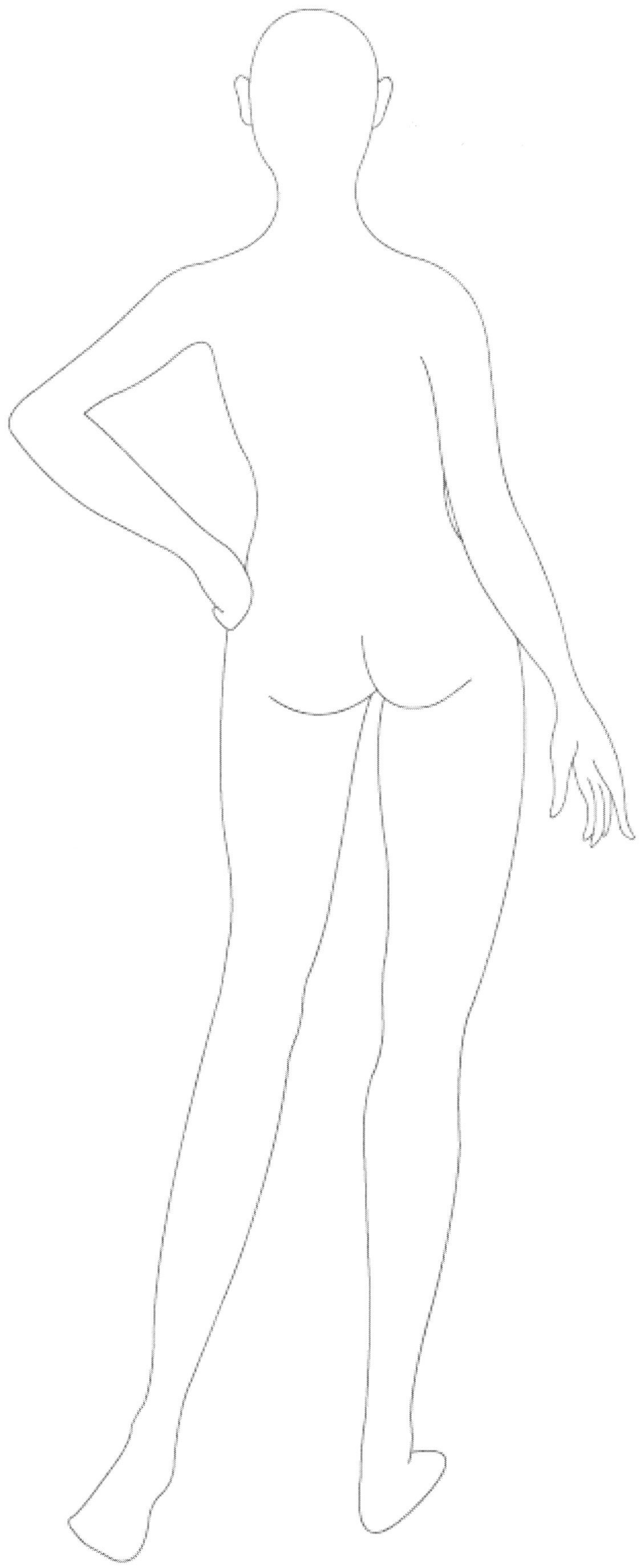

Date

Subject

Design Point

[전신 바디(앞면, 뒷면) A 6]

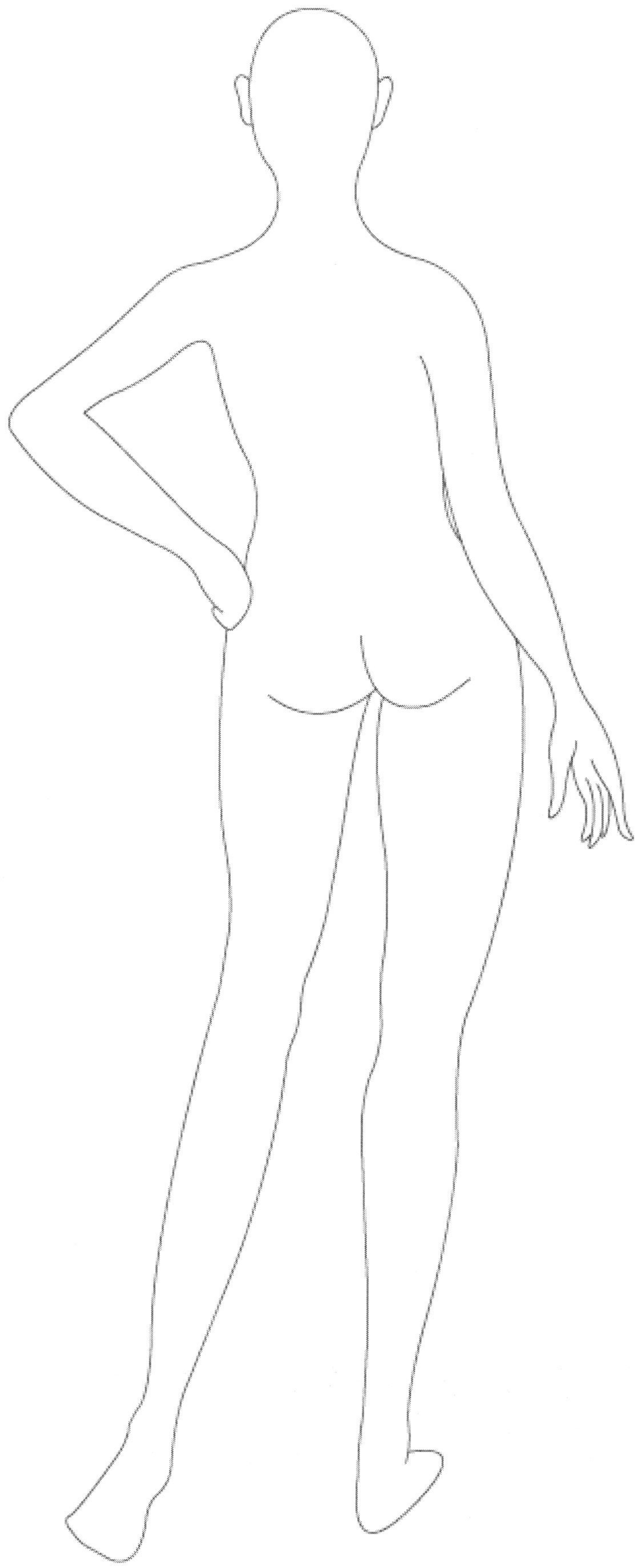

Date

Subject

Design Point

[전신 바디(앞면, 뒷면) B 1]

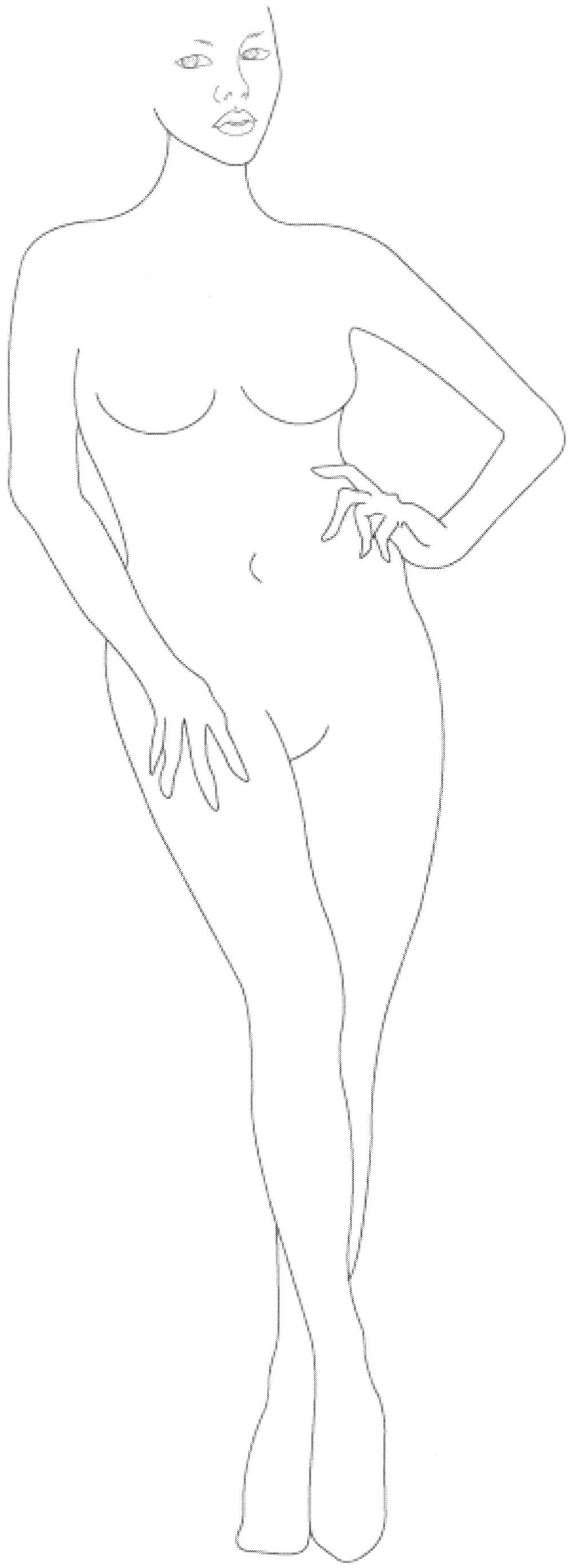

Date

Subject

Design Point

[전신 바디(앞면, 뒷면) B 2]

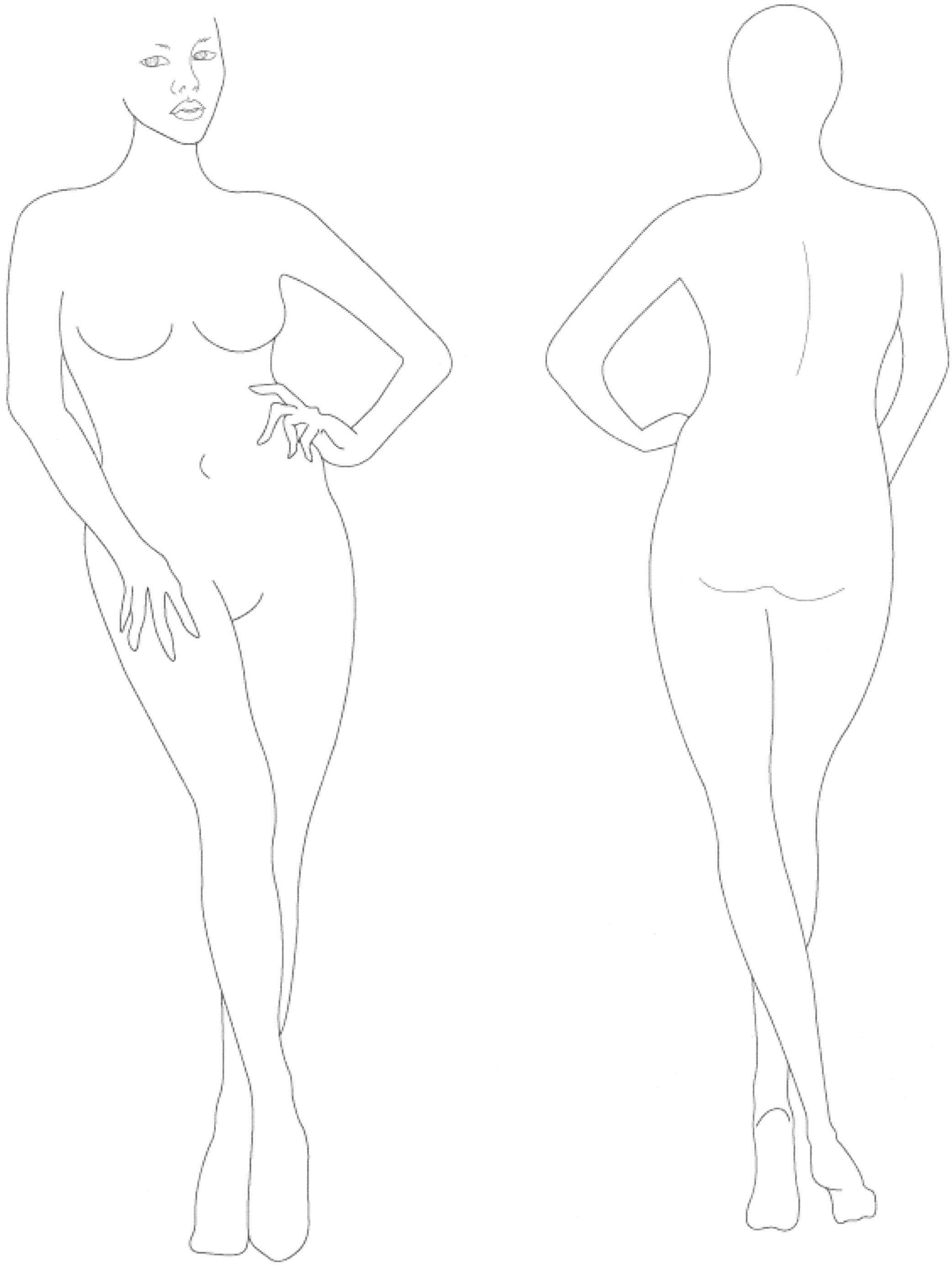

Date

Subject

Design Point

[전신 바디(앞면, 뒷면) B 3]

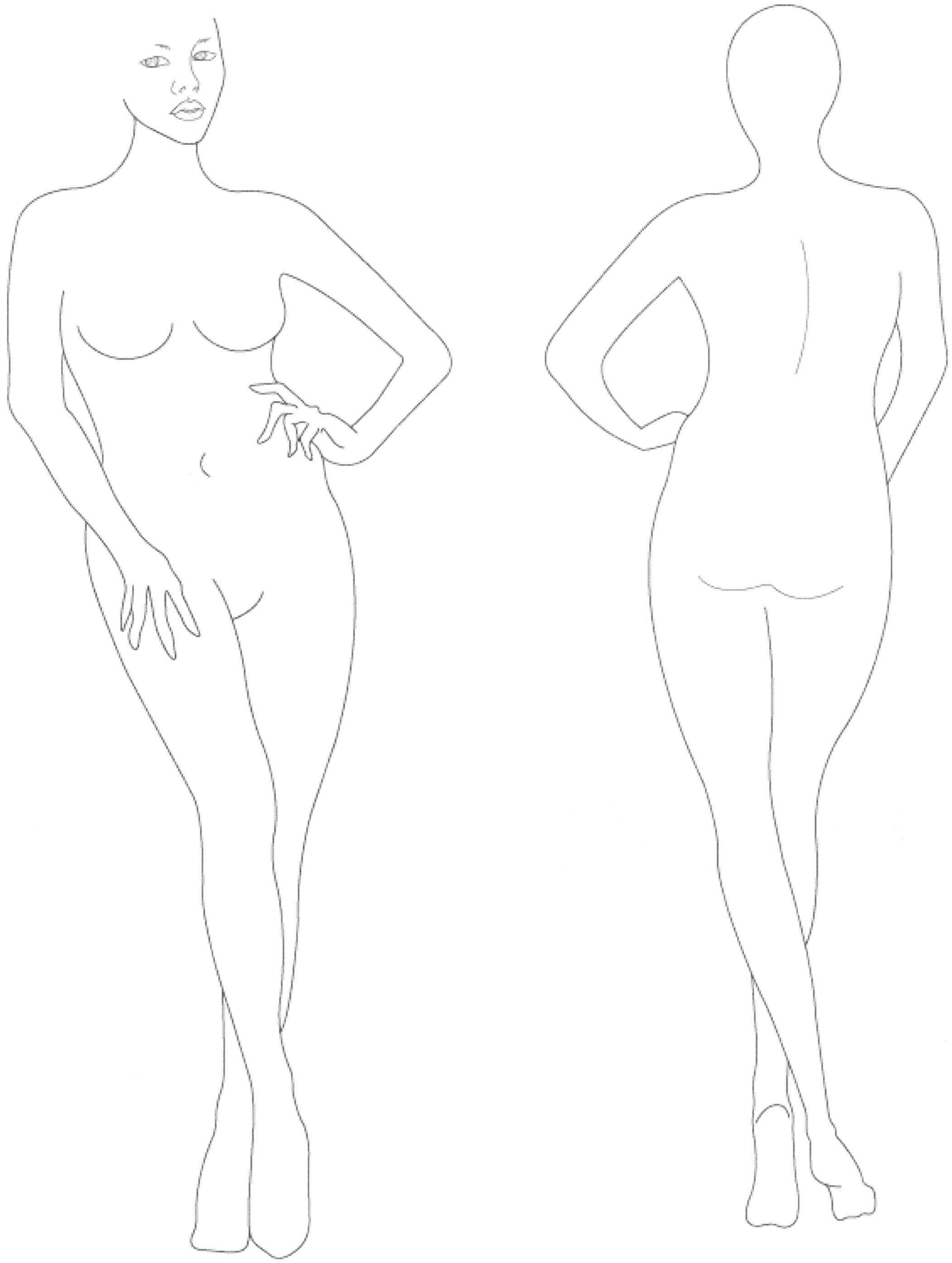

Date

Subject

Design Point

[전신 바디(앞면, 뒷면) B 4]

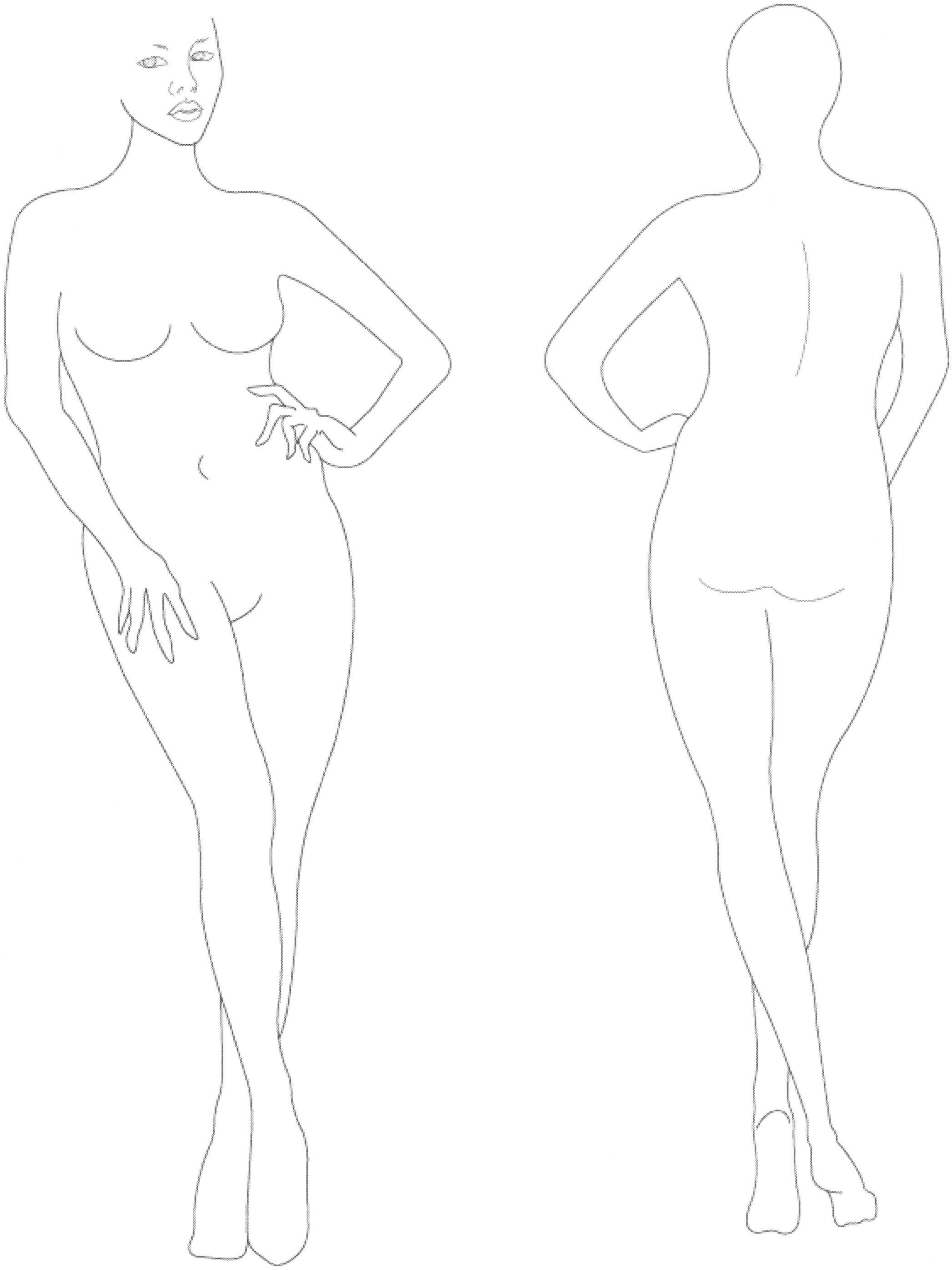

Date

Subject

Design Point

[전신 바디(앞면, 뒷면) B 5]

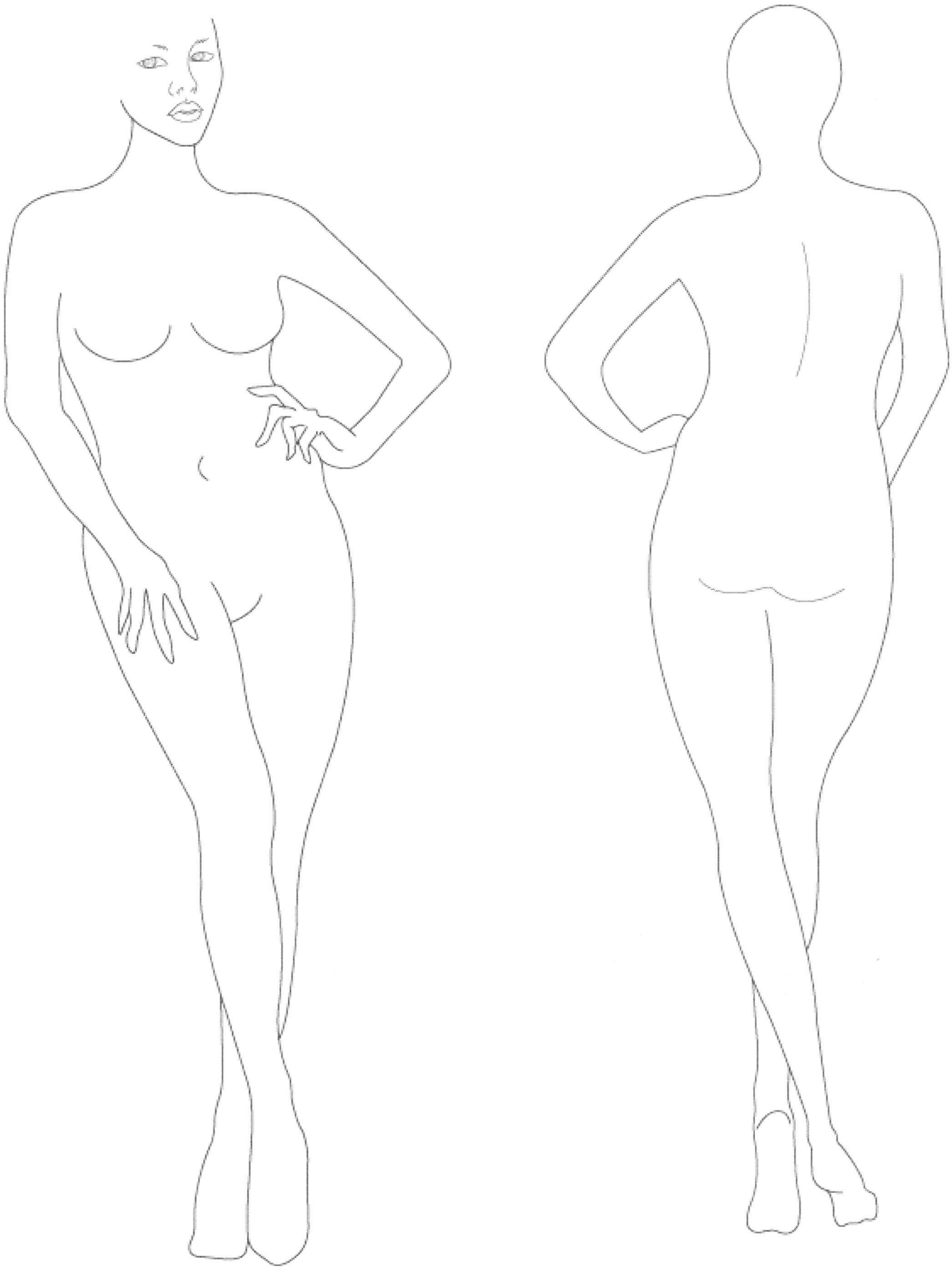

Date

Subject

Design Point

[전신 바디(앞면, 뒷면) B 6]

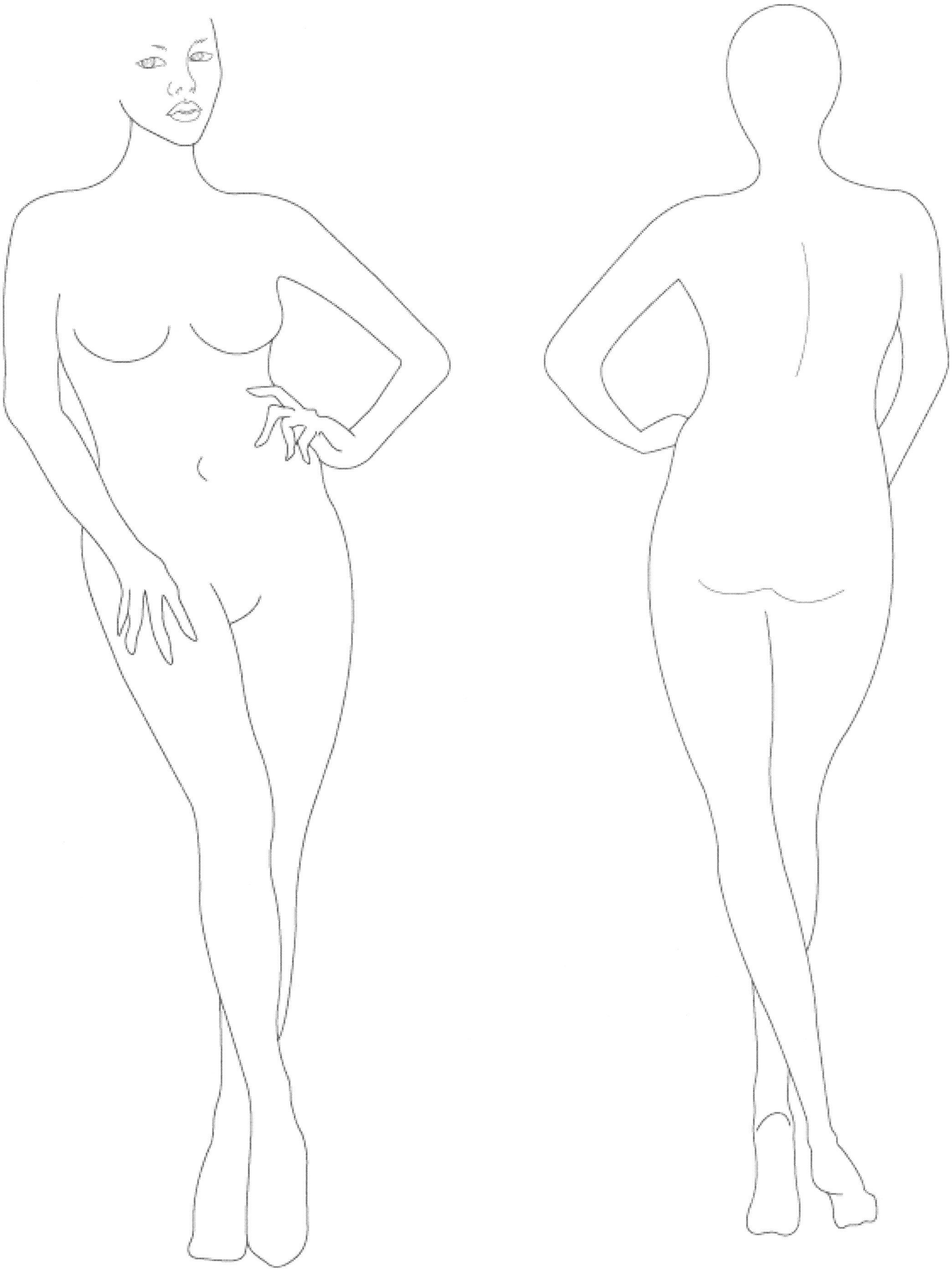

Date

Subject

Design Point

[패션 바디(앞면) 1]

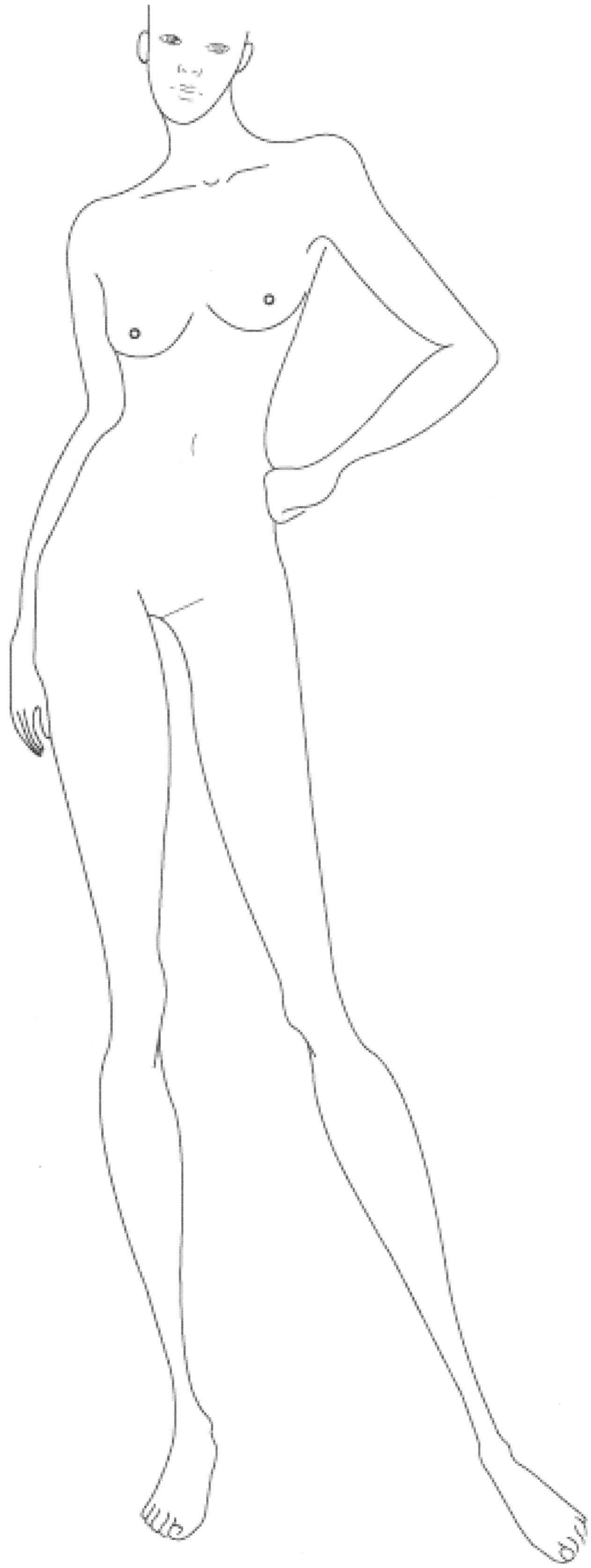

[패션 바디(앞면) 2]

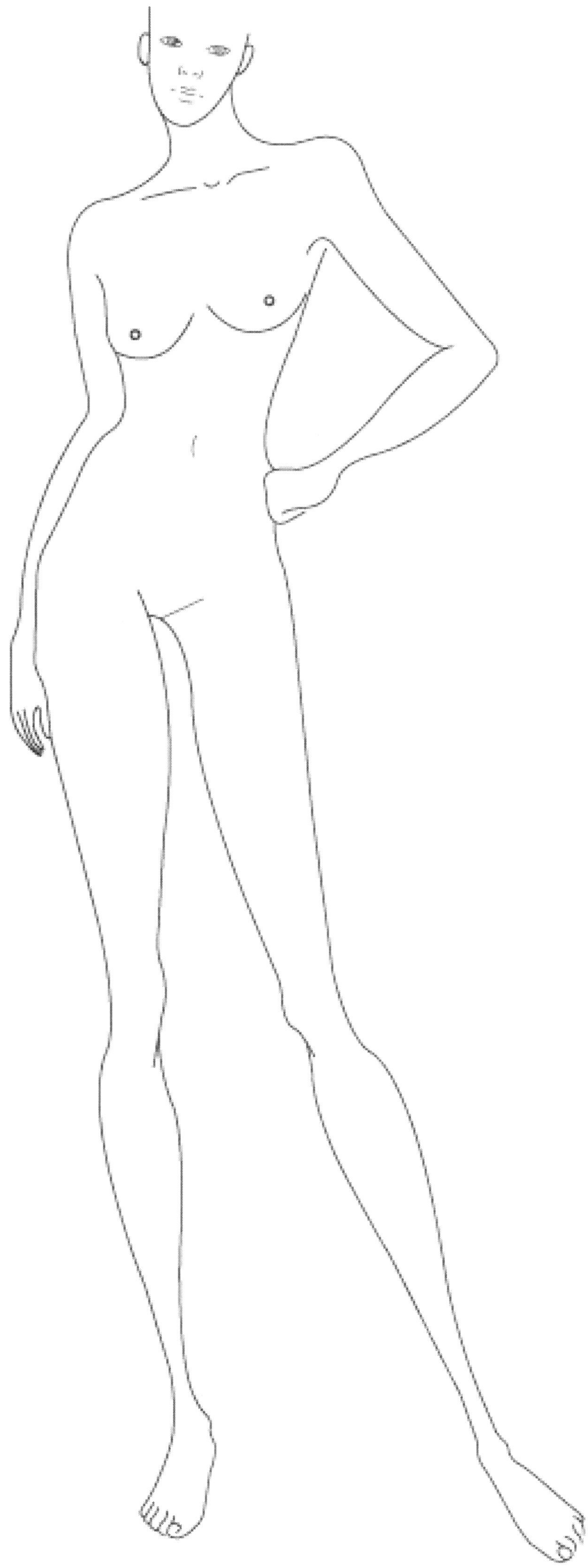

[패션 바디(앞면) 3]

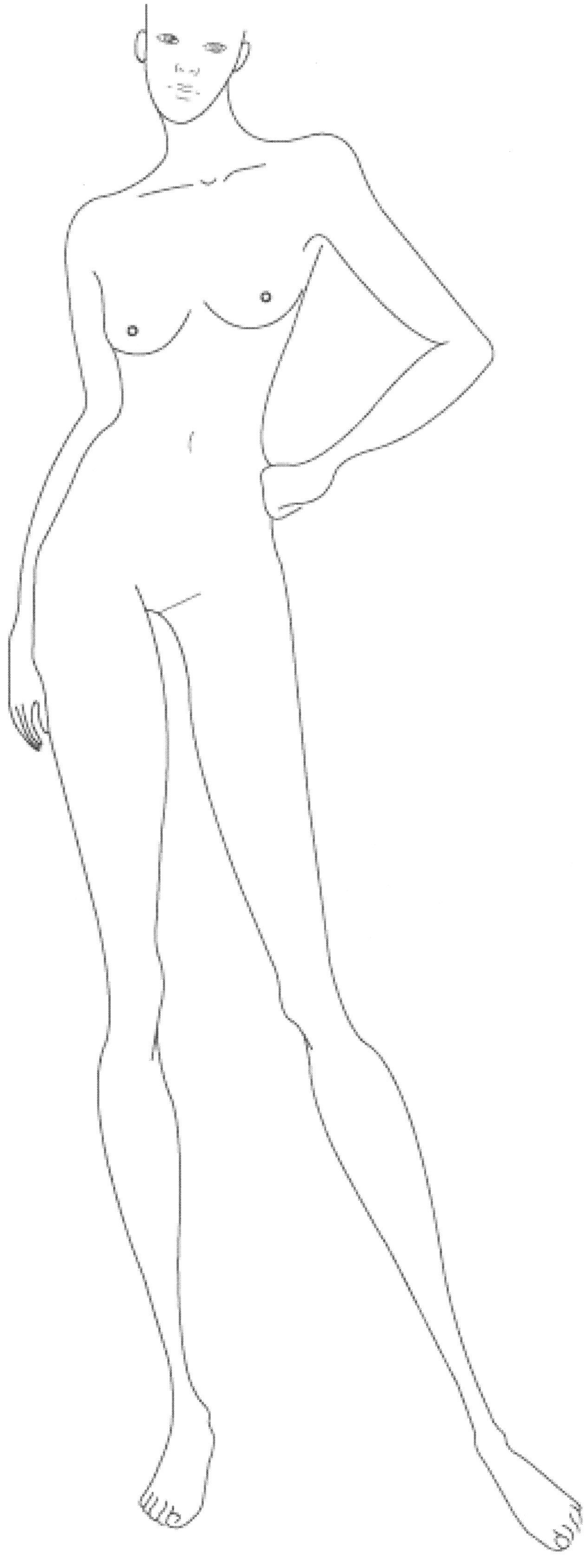

[패션 바디(앞면) 4]

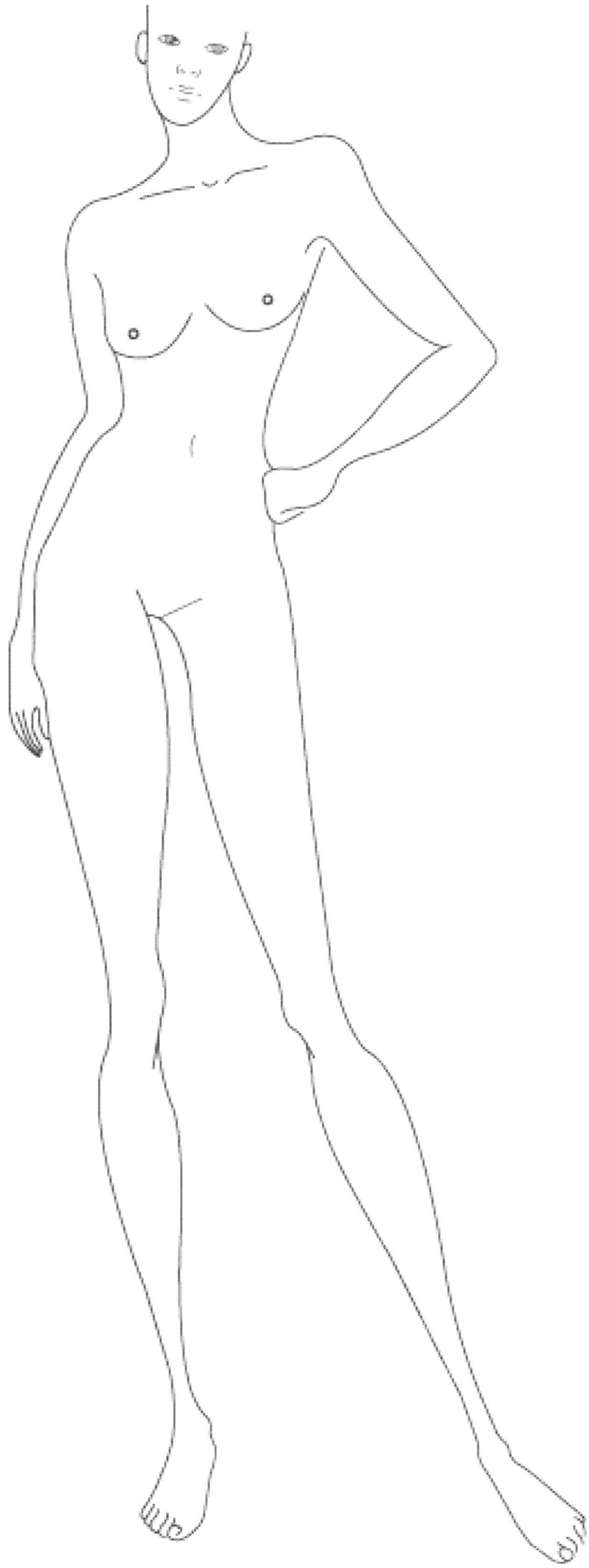

[패션 바디(앞면) 5]

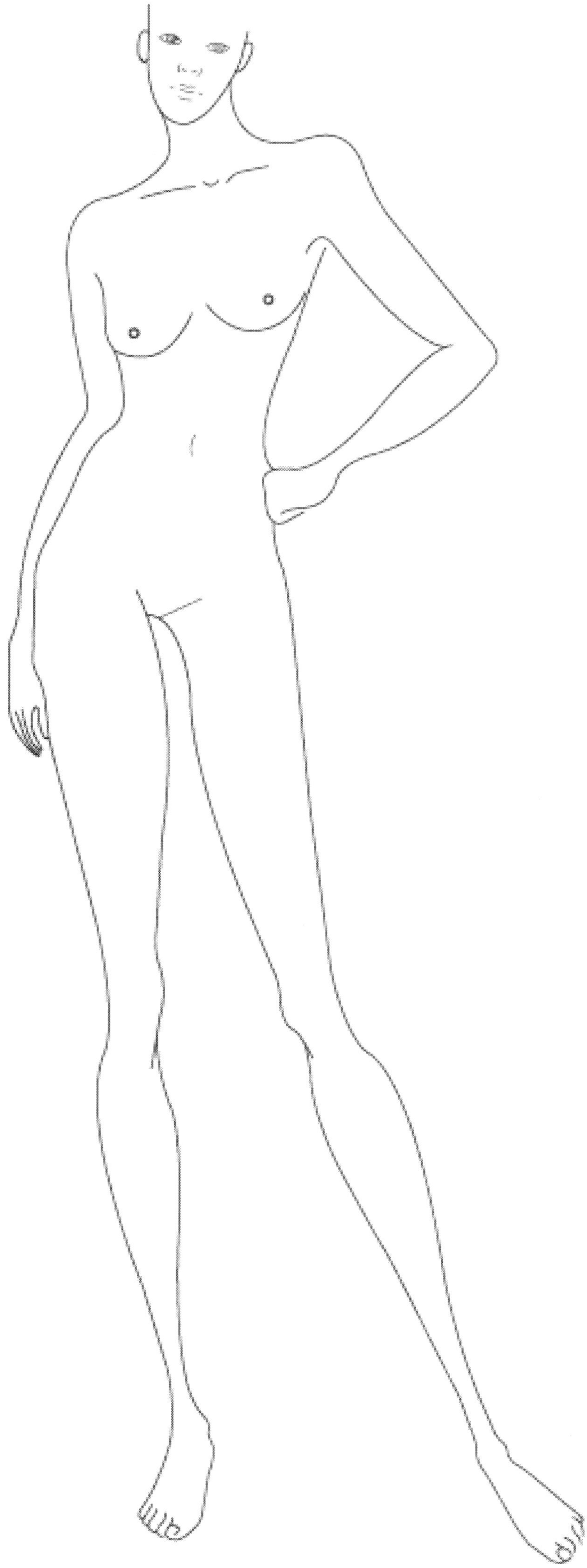

[패션 바디(앞면) 6]

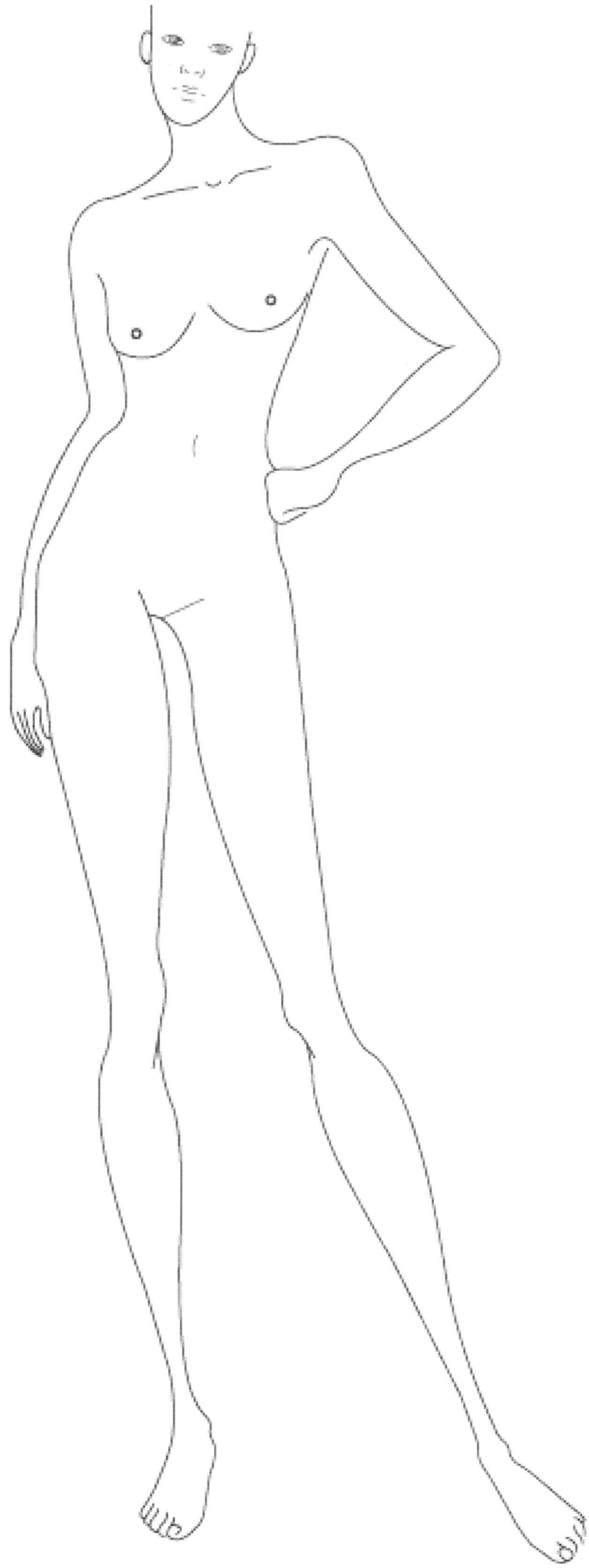

메이크업 디자인을 위한
Pattern Book

2022년 08월 25일 초판 인쇄
2022년 08월 30일 초판 발행

지은이 : 박정신, 허윤정
펴낸이 : 이상태
펴낸곳 : 청구문화사
주 소 : (03706) 서울특별시 서대문구 성산로11길 15
전 화 : 02) 332-0541(代) FAX : 02) 337-9577
등 록 : 1990년 11월 2일 제9-247호

정가 25,000원

ISBN 978-89-5616-894-4 93590

기본편

티나샘과 함께하는

쑥쑥 자라나는 인지 사고력

작업 기억

지은이 유희수

값 35000 원
93700
ISBN 978-89-90604-98-9

티나샘과 함께하는

쑥쑥 자라나는 인지 사고력

유동 추론

초판 1쇄 발행 2024년 11월 20일
2쇄 발행 2025년 11월 30일

지은이 유희수
발행인 최윤정
발행처 재단법인 파라다이스복지재단
주소 서울 중구 퇴계로 299 3층
전화 02-2277-3296
팩스 02-2277-3124
등록 2002년 5월 13일(제2002-000008호)
디자인 계원예술대학교 계원창작소 전나현, 전효정, 조재은
판매처 아이소리몰 http://isorimall.com (전화 1544-2311)
ISBN 978-89-90604-98-9

추천사

십여 년이 넘게 언어재활사로 일을 하며 해를 거듭할수록 인지와 언어는 서로 절대 뗄 수 없는 사이라고 생각하며 아이들과 성인들을 다양하게 만나왔습니다. 인지치료사 유희수 선생님이 매번 근거 기반의 다양한 자료를 만들어 실제 임상에서 사용하시는 모습이 너무 인상깊었는데, 이렇게 멋진 교재로 출간이 된다고 하니 너무 기다려집니다. 인지치료 뿐만 아니라 언어치료 현장에서도 의미 있게 사용될 수 있을거라 기대되는 교재입니다. 다양한 임상 현장에서 선생님께서 출간하시는 교재를 많은 관련 선생님들께서 활용하실 수 있길 기대해 봅니다.

\- **이수은** / 혜전대학교 언어치료학과 겸임교수 및 이화여대 언어병리학과 박사 수료

인지치료사&특수교사로 학생들을 가르치며, 워크북과 교구의 필요성을 절실히 느꼈습니다. 마침 별처럼 반짝이는 유희수 선생님께서 교육 현장에서 체계적으로 사용하기 좋은 책을 출간하신다니 기대가 큽니다. 학교 현장에서, 치료실에서 그리고 각 과정에서 유희수 선생님이 제작하신 워크북과 교구들이 학생들에게 새로운 배움의 가능성을 열어주길 소망합니다.

\- **신경아** / 저자 (저서: 좌충우돌 미국의 통합교육 이야기, 좌충우돌 위기교실과 위기학생 관리하기)

통합수업을 하는 교실에서 아이들을 가르치다 보면 장애가 있는 친구 뿐 아니라 일반 학생들에게도 인지와 언어 지도가 개별적으로 필요하다는 생각을 많이 하게 됩니다. 아이들에게 필요한 인지와 언어 사용을 연습하는 도구가 교구와 워크북으로 나온다면 교실에서 훨씬 많은 도움을 받을 수 있을 것 같아서 많이 기대됩니다. 인지치료나 언어치료 뿐 아니라 일반 초등학교 교실에서도 유익하게 사용할 수 있는 자료가 많아 유희수 선생님의 책을 어서 만나보고 싶습니다. 인지와 언어 관련해서 다양한 어려움을 호소하는 아이들을 위해 책이 의미 있게 사용될거라 기대됩니다.

\- **유란경** / 중앙기독초등학교 교사

서문

쑥쑥 자라나는 인지사고력 작업기억 삼각대는 웩슬러 지능검사 및 CHC 다중지능 이론, 뇌 가소성 원리를 토대로 하여 제작하였습니다. 웩슬러 지능검사는 세계 여러 나라의 아동 및 청소년의 인지능력 평가 분야에서 가장 널리 사용되는 검사입니다(인지학습 심리검사의 이해 2019, 박창호). 한국 웩슬러 유아지능검사(K-WPPSI-IV) 및 한국 웩슬러 아동지능검사(K-WISC-V)에서는 숫자, 순차연결, 그림기억하기 소검사를 통해 작업기억 인지능력을 측정합니다. '작업기억' 이란 단기기억을 바탕으로 빠른 시간 안에 시각적&청각적 정보를 처리하는 인지기제 입니다.

작업기억 인지능력은 시지각 작업기억과 청지각 작업기억으로 나눌 수 있습니다. 시지각 작업기억 인지능력이란 제한 시간 내에 그림을 잘 보고 기억하는 것이며, 청지각 작업기억 인지능력은 이야기를 잘 듣고 기억하는 것 입니다. 작업기억이 높은 아동은 주의력이 높고, 자기조절을 할 수 있으며, 문제를 구조화해서 해결합니다. 반면에 작업기억이 낮은 아동은 선생님의 말씀이나 다음으로 해야 할 일을 자주 잊어버리고, 대화 내용을 기억하지 못해서 대화에 참여하는 것에 어려움을 겪는 경우가 있습니다. 또한 낮은 주의력과 충동성으로 인해 주어진 과제를 끝까지 수행하는 것이 어려움을 느낍니다.

쑥쑥 자라나는 인지사고력 작업기억 삼각대는 유아 및 아동을 대상으로 구성했으나, 아동의 인지수준에 맞춰 특별한 제약 없이도 활용 가능합니다. 작업기억 및 주의력에 어려움이 있는 아동에게 도움이 되길 바랍니다.

마지막으로 쑥쑥 자라나는 인지사고력 유동추론 삼각대와 워크북을 출간될 수 있도록 도움을 주신 파라다이스 복지재단과 계원예술대학교, 빤짝이 캐릭터를 개발해주신 송유경 미술치료사 선생님, 티나샘의 캐릭터를 개발해주신 연드러우 일러스트 작가님, 추천사를 써주신 이수은, 유란경, 신경아 선생님께 감사합니다.

2024년 11월 20일 유희수

저자 소개

저자

유희수
(Tina쌤)

학력 및 논문
학사 : 백석대 아동복지 (사회복지) / 원광디지털 사이버대 언어치료 전공
석사 : 건국대 대학원 미술치료 전공

저서
코챈스 WISC 워크북

경력사항
현 성모바른 아동발달센터 인지치료사
현 평택장애아동 발달재활지원센터 인지치료사
현 브솔복지재단 인지치료사
전 YBM 러닝트리 놀이학교 교사
전 수인재 두뇌과학센터 인지치료사
전 늘봄 아동발달센터 인지치료사

자격증 및 수료
인지학습지도사 2급 (한국정신건강심리학회)
인지행동심리 상담사 2급 (한국정신건강심리학회)
브레인 바이오 피드백 트레이너 3급 (한국뇌파신경학회)
메타 교육 인지 지도사 1급 (한국평생교육진흥원)
노인 두뇌훈련지도사 1급 (한국평생교육진흥원)
한국 웩슬러 유아지능 검사 K-WPPSI-IV 워크숍 수료 (인싸이트)
한국 웩슬러 아동지능 검사 WISC-V 전문과 과정 수료 (구성커뮤니케이션즈)
DIR 플로어타임 101 수료 (ICDL)
보육교사 2급&사회복지사 2급 (보건복지부)

SNS
Tina 쌤의 인스타그램 : by_tina1208
Tina 쌤의 블로그: https://contents.premium.naver.com/tina1208/tina
Tina 쌤의 유튜브: @Tina-ch7wm

재단 소개

PARADISE 복지재단

재단법인 파라다이스 복지재단은 기업이윤의 사회환원을 통해 더불어 살아가는 사회를 구현하고 미래를 창조하기 위해 1994년 설립되었습니다.

장애인을 비롯한 소외계층의 어려움을 함께 나누고 보다 풍요로운 미래를 디자인 하겠다는 한결같은 열정으로 교육, 치료, 예술 등 다양한 영역의 복지사업을 수행하고 있습니다.

아이소리몰

아이소리몰은 양질의 진단평가도구, 교재교구의 개발 및 보급을 위해 파라다이스 복지재단의 수익사업으로 2002년 시작되었습니다.

아이소리몰의 판매 수익금은 특수교육, 장애인 인식개선사업, 현장지원사업 등 파라다이스 복지재단의 다양한 사회복지사업에 수익금 전액이 환원되어 장애인 복지증진에 재사용 되고 있습니다.

인스타그램 : isorimall_official

블로그 : http://blog.naver.com/paradisewelfare3296

카카오톡 : http://pk.kakao.com/Lnxlzk

쑥쑥 자라나는 인지사고력 작업기억 삼각대는 이런 특징이 있어요!

1 다양한 시지각&작업기억 과제가 있어요.

제한시간 내에 집중해서 잘 보고 기억해보는 연습을 함으로써 시지각 주의력, 시지각 변별, 시지각 정보처리, 단기기억 인지능력을 향상시킬 수 있어요. 시지각&작업기억 과제는 1개의 문제가 총 2장이며, 기본편은 1~3개의 그림 기억하기, 심화편은 3~5개를 기억하는 문제로 구성되어 있어요.

2 다양한 청지각&작업기억 과제가 있어요.

들려준 이야기를 끝까지 잘 듣고, 이야기를 기억해보는 연습을 함으로써 청지각 주의력, 청지각 변별, 청지각 정보처리, 언어이해 인지능력을 향상 시킬 수 있어요. 청지각&작업기억 기본편은 1~3개 자극 듣고 기억하기, 심화편은 3~5개 자극 듣고 기억하기 문제로 구성되어 있어요.

작업기억 인지 향상을 위해 다양한 활동을 할 수 있어요.

본 교재와 함께 개발된 작업기억 워크북도 활용하세요.

1. 시지각 작업기억, 시지각 주의력, 단기기억, 시지각 변별 활동으로는 그림을 보고 기억하는 메모리 보드게임 및 치료사가 한 행동을 순서대로 보고 기억한 후에 따라하기, 다른 그림 찾기, 숨은그림찾기 등의 활동을 할 수 있어요.
2. 청지각 작업기억, 지속적 주의력, 청지각 변별 활동으로는 소리를 듣고 기억하는 비트 보드게임 및 문장을 들려주고 그대로 따라서 말하기, 박수를 치거나 책상을 두드리는 소리를 들려주고 몇 번 소리가 들렸는지 물어보는 활동을 할 수 있어요.

쑥쑥 자라나는 인지사고력 유동추론 삼각대는 이런 특징이 있어요!

1 다양한 귀납적 추론 과제가 있어요.

주어진 정보를 종합해서 그림의 연관성을 논리적으로 추론하고, 분석하는 연습을 함으로써 사고력을 향상시킬 수 있어요. 귀납적 추론 과제는 기본편 10문제, 심화편 10문제로 구성되어 있어요.

2 다양한 행렬추론 과제가 있어요.

규칙의 순서를 인지하고 추론해 봄으로써 도형과 관련된 사고력을 향상 시킬 수 있어요. 행렬추론 과제는 기본편 10문제, 심화편 10문제로 구성되어 있어요.

3 다양한 양적추론 과제가 있어요.

사물의 크기, 양, 길이, 높이 인지하기 및 수인지, 수 양매칭, 계산하기, 도형을 비교하고 분류하는 연습을 함으로써 논리 수학적 사고력을 향상시킬 수 있어요. 양적추론 과제는 기본편 12문제, 심화편 12문제로 구성되어 있어요.

4 다양한 추상적 사고력 과제가 있어요.

그림을 보고 상황 및 사물의 부조화적인 것을 인지하는 연습을 함으로써, 사회적 상황과 사물의 연관성을 논리적으로 추론하는 인지능력을 향상시킬 수 있어요. 추상적 사고력 과제는 기본편 10문제, 심화편 10문제로 구성되어 있어요.

유동추론 인지 향상을 위해 다양한 활동을 할 수 있어요!

본 교재와 함께 개발된 유동추론 워크북도 활용하세요.

1. 귀납적 추론의 경우 주변에서 쉽게 접할 수 있는 사물 중에서 2개 이상의 어울리는 짝을 찾아서 말하기 활동을 할 수 있어요.
2. 행렬추론의 경우 교구를 활용하여 규칙 나열해보고 규칙을 인지하기 활동을 할 수 있어요.
3. 양적추론의 경우 교구를 활용하여 기초 수지식, 수 인지&양 매칭하기 활동을 할 수 있어요.
4. 추상적 사고력의 경우 파라다이스 복지재단의 '논리 쑥쑥 말이 쑥쑥 교구-이상한 점 찾기 편' 교구를 활용할 수 있어요.

목차

1 시각적&작업기억

그림을 보고 기억하는 과제입니다.
그림을 보고 기억하는 것은 시지각 주의력, 시각적 정보처리, 자기조절, 단기기억 인지능력과 관련이 있습니다.

2 청지각&작업기억

이야기를 듣고 기억한 후에 알맞은 그림을 찾는 과제입니다.
이야기를 듣고 기억하는 것은 청지각 및 지속적 주의력, 청각적 변별, 청각적 시연, 인지적 유연성, 단기기억 인지능력과 관련이 있습니다.

쑥쑥 자라나는 인지사고력

쑥쑥 자라나는

인지사고력

1. 시지각&작업기억 (연습문제)

질문 TIP

과제 시행 방법: "그림을 기억하세요." 라고 말한 후 잠깐의 시간을 주세요.
(기억해야 할 항목은 1개의 그림이며, 제한시간은 3~4초입니다.)
주의사항: 시지각&작업기억 문제는 2장으로 이루어져 있습니다.

해당 워크북 참고 P. 13~24

1. 시지각&작업기억 (연습문제)

여자아이가 무엇을 먹고 있었나요?

①	②	③

질문 TIP

과제 시행 방법: "여자아이가 무엇을 먹고 있었나요?" 라고 질문한 후 잠깐의 시간을 주세요.
(기억해야할 항목은 1개의 과일이고, 방해자극은 다른 과일입니다.)
정답을 잘못 맞추었더라도, 한 번 더 도전하게 해주세요.
★ 작업기억은 소량의 정보를 짧은 시간 동안 저장하는 체계이며, 유동지능 분산의 50~70% 차지한다고 보고되고 있습니다.
그림을 보고 기억하는 것은 주의력, 시각적 처리, 시각적 즉각 기억 인지능력과 연관성이 있습니다.

정답: 2

①	②	③

해당 워크북 참고 P. 13~24

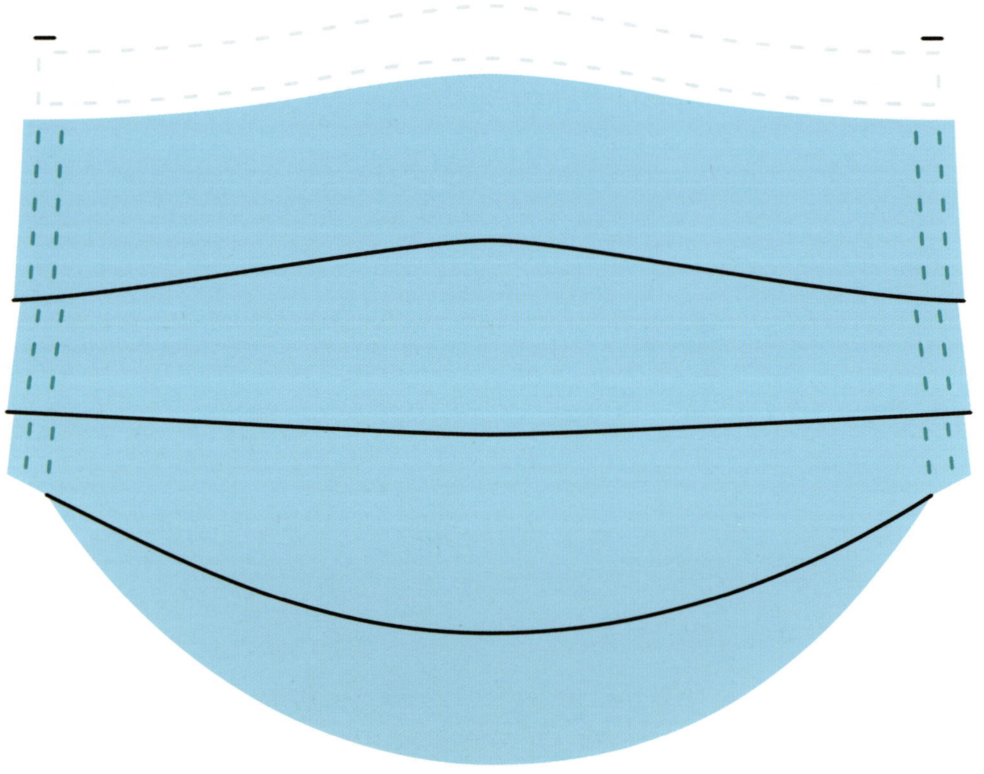

질문 TIP 과제 시행 방법: "그림을 기억하세요." 라고 말한 후 잠깐의 시간을 주세요.
(기억해야 할 항목은 1개의 그림이며, 제한시간은 3~4초입니다.)

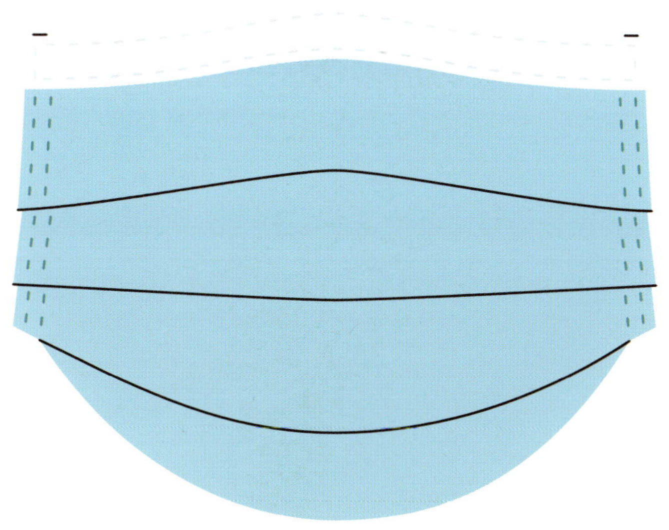

해당 워크북 참고 P. 13~24

1. 시지각&작업기억

앞에서 본 사물은 무엇일까요?

①

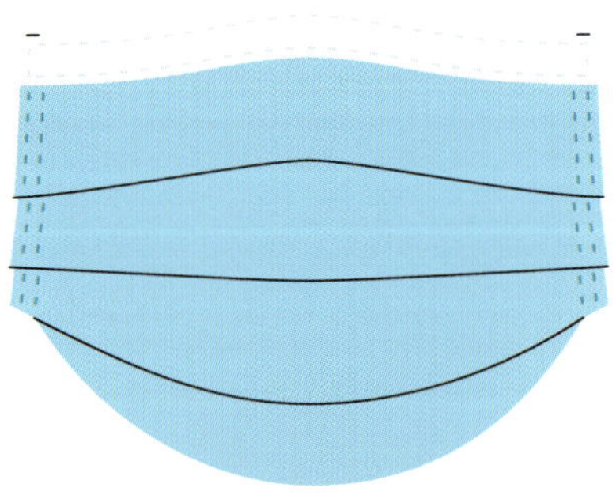

②

③

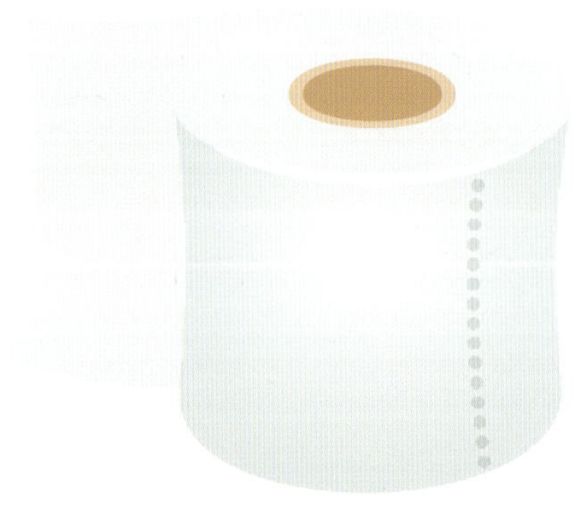

1. 시지각&작업기억

질문 TIP

과제 시행 방법: "앞에서 본 사물은 무엇일까요?" 라고 질문한 후 잠깐의 시간을 주세요.
(기억해야 할 항목은 1개의 사물이고, 방해자극은 다른 사물입니다.)
정답을 잘못 맞추었더라도, 한 번 더 도전하게 해주세요.
<확장활동> 작업기억 인지워크북에 있는 시지각&작업기억 기본편 문제도 함께 풀어보아요.
★ 기억을 잘할 수 있는 방법으로는, 사물과의 연관성을 인지하게 해주세요.

정답: 1

①
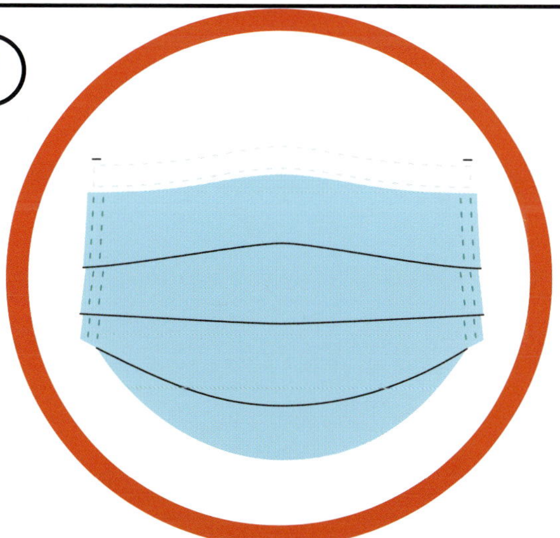

②

③
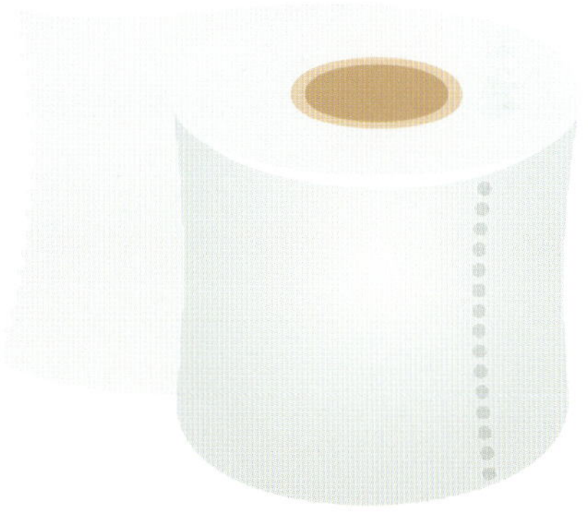

해당 워크북 참고 P. 13~24

1. 시지각&작업기억

질문 TIP 과제 시행 방법: “그림을 기억하세요.” 라고 말한 후 잠깐의 시간을 주세요.
(기억해야 할 항목은 1개의 그림이며, 제한시간은 3~4초입니다.)

해당 워크북 참고 P. 13~24

남자가 무엇을 먹고 있었나요?

①	②	③

질문 TIP

과제 시행 방법: “남자가 무엇을 먹고 있었나요?” 라고 질문한 후 잠깐의 시간을 주세요.
(기억해야 할 항목은 1개의 음식이고, 방해자극은 다른 음식입니다.)
정답을 잘못 맞추었더라도, 한 번 더 도전하게 해주세요.
<확장활동> <u>음식 모형을 활용해, 시지각&작업기억 활동을 할 수 있어요.</u>

정답: 2

①

②

③

해당 워크북 참고 P. 13~24

질문 TIP

과제 시행 방법: "그림을 기억하세요." 라고 말한 후 잠깐의 시간을 주세요.
(기억해야 할 항목은 1개의 그림이며, 제한시간은 3~4초입니다.)

해당 워크북 참고 P. 13~24

앞에서 본 과일은 무엇일까요?

① 	② 	③ 

1. 시지각&작업기억

질문 TIP

과제 시행 방법: "앞에서 본 과일은 무엇일까요?"라고 질문한 후 잠깐의 시간을 주세요.
(기억해야 할 항목은 1개의 과일이고, 방해자극은 다른 과일입니다.)
정답을 잘못 맞추었더라도, 한 번 더 도전하게 해주세요.
<확장활동> 과일 모형을 활용해, 시지각&작업기억 활동을 할 수 있어요.

정답: 2

①

②

③

해당 워크북 참고 P. 13~24

질문 TIP

과제 시행 방법: "그림을 기억하세요." 라고 말한 후 잠깐의 시간을 주세요.
(기억해야 할 항목은 1개의 그림이며, 제한시간은 3~4초입니다.)

해당 워크북 참고 P. 13~24

앞에서 본 꽃은 무엇일까요?

①

②

③

④

질문 TIP

과제 시행 방법: "앞에서 본 꽃은 무엇일까요?" 라고 질문한 후 잠깐의 시간을 주세요.
(기억해야 할 항목은 1개의 꽃이고, 방해자극은 다른 꽃입니다.)
정답을 잘못 맞추었더라도, 한 번 더 도전하게 해주세요.
<확장활동> 꽃의 이름을 인지하고, 다양한 연상 활동(색깔)을 할 수 있어요.

정답: 1

해당 워크북 참고 P. 13~24

우유

1. 시지각&작업기억

질문 TIP

과제 시행 방법: "그림을 기억하세요." 라고 말한 후 잠깐의 시간을 주세요.
(기억해야 할 항목은 1개의 그림이며, 제한시간은 4~5초입니다.)

해당 워크북 참고 P. 25~44

카트 안에 있던 음식은 무엇일까요?

①

②

③

1. 시지각&작업기억

질문 TIP

과제 시행 방법: "카트 안에 있던 음식은 무엇일까요?" 라고 질문한 후 잠깐의 시간을 주세요.
(기억해야 할 항목은 2개의 음식이고, 방해자극은 다른 음식입니다.)
정답을 잘못 맞추었더라도, 한 번 더 도전하게 해주세요.
<확장활동> 장난감 카트와 음식 모형을 활용해, 시지각&작업기억 활동을 할 수 있어요.
★ 주의력이 향상되면, 방해자극의 간섭을 극복하고 과제를 수행할 수 있어요.

정답: 2

①

②

③

해당 워크북 참고 P. 25~44

질문 TIP 과제 시행 방법: "그림을 기억하세요." 라고 말한 후 잠깐의 시간을 주세요.
(기억해야 할 항목은 2개의 모양이며, 제한시간은 4~5초입니다.)

해당 워크북 참고 P. 25~44

앞에서 본 모양은 무엇일까요?

질문 TIP

과제 시행 방법: "앞에서 본 모양은 무엇일까요?" 라고 질문한 후 잠깐의 시간을 주세요.
(기억해야 할 항목은 2개의 모양이고, 방해자극은 다른 모양입니다.)
정답을 잘못 맞추었더라도, 한 번 더 도전하게 해주세요.
<확장활동> 도형 교구를 활용해, 시지각&작업기억 활동을 할 수 있어요.

정답: 1

해당 워크북 참고 P. 25~44

1 3

질문 TIP

과제 시행 방법: "그림을 기억하세요." 라고 말한 후 잠깐의 시간을 주세요.
(기억해야 할 항목은 2개의 숫자이며, 제한시간은 4~5초입니다.)

1 3

해당 워크북 참고 P. 25~44

앞에서 본 숫자는 무엇일까요?

①	②	③
1 4	1 3	2 5

1. 시지각&작업기억

질문 TIP

과제 시행 방법: "앞에서 본 숫자는 무엇일까요?" 라고 질문한 후 잠깐의 시간을 주세요.
(기억해야 할 항목은 2개의 숫자이고, 방해자극은 다른 숫자입니다.)
정답을 잘못 맞추었더라도, 한 번 더 도전하게 해주세요.
<확장활동> 숫자카드를 활용해, 시지각&작업기억 활동을 할 수 있어요.

정답: 2

①	②	③
1 4	1 3	2 5

해당 워크북 참고 P. 25~44

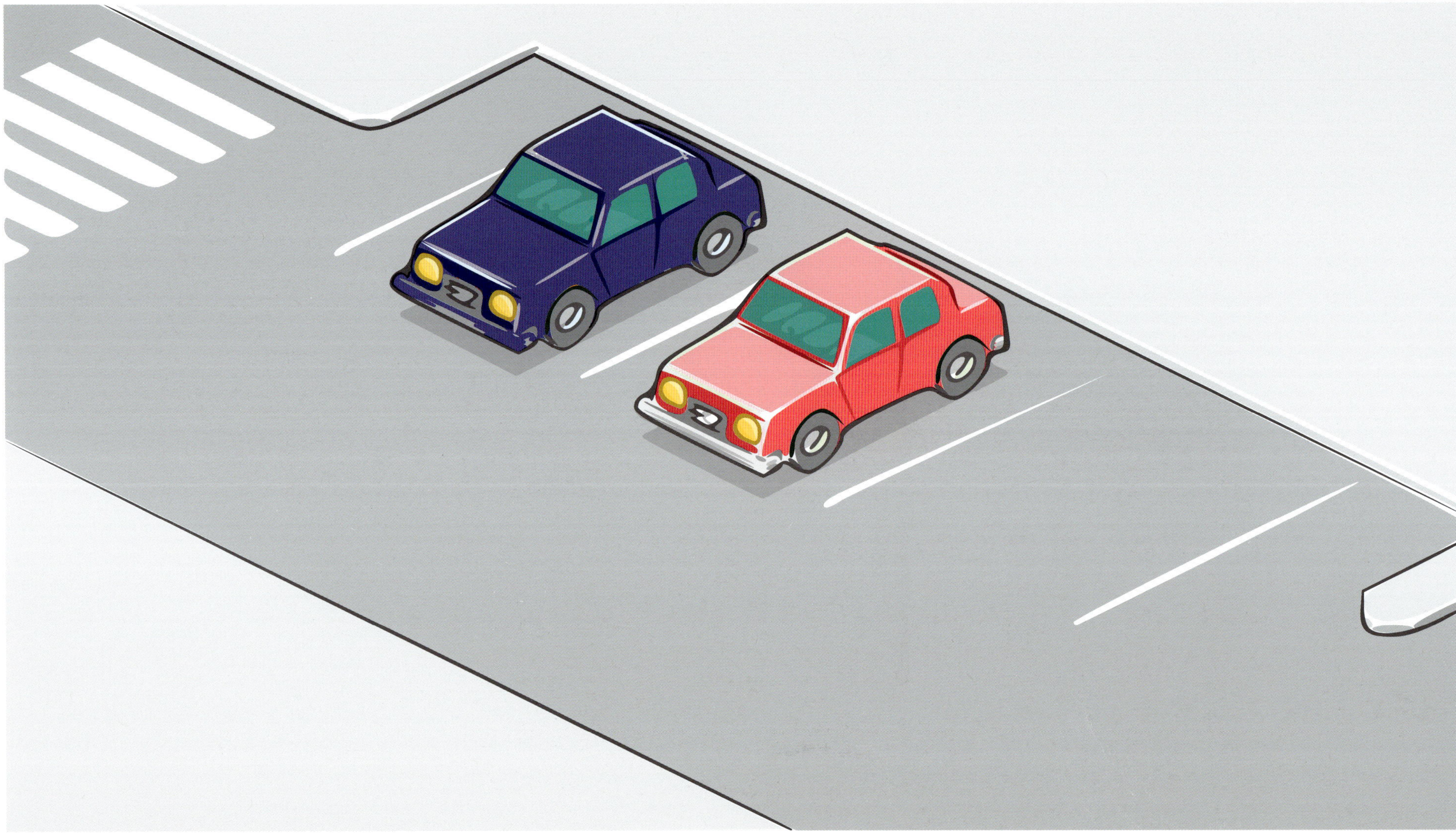

1. 시지각&작업기억

질문 TIP 과제 시행 방법: "그림을 기억하세요." 라고 말한 후 잠깐의 시간을 주세요.
(기억해야 할 항목은 2개의 사물이며, 제한시간은 4~5초입니다.)

해당 워크북 참고 P. 25~44

앞에서 본 자동차는 무엇일까요?

①

②

③

④

1. 시지각&작업기억

질문 TIP

과제 시행 방법: "앞에서 본 자동차는 무엇일까요?" 라고 질문한 후 잠깐의 시간을 주세요.
(기억해야 할 항목은 2대의 자동차이고, 방해자극은 다른 자동차입니다.)
정답을 잘못 맞추었더라도, 한 번 더 도전하게 해주세요.
<확장활동> 자동차 모형을 활용해, 시지각&작업기억(색깔 및 종류) 활동을 할 수 있어요.

정답: 1, 3

해당 워크북 참고 P. 25~44

질문 TIP

과제 시행 방법: "그림을 기억하세요." 라고 말한 후 잠깐의 시간을 주세요.
(기억해야 할 항목은 2개의 선물상자이며, 제한시간은 4~5초입니다.)

해당 워크북 참고 P. 25~44

앞에서 본 선물상자는 무엇일까요?

①

②

③

④

질문 TIP

과제 시행 방법: "앞에서 본 선물상자는 무엇일까요?" 라고 질문한 후 잠깐의 시간을 주세요.
(기억해야 할 항목은 2개의 선물상자이고, 방해자극은 다른 선물상자입니다.)
정답을 잘못 맞추었더라도, 한 번 더 도전하게 해주세요.
<확장활동> 그림에 대한 특징을 문장으로 만들어 기억하기 활동을 할 수 있어요.

정답: 2, 3

①

②

③
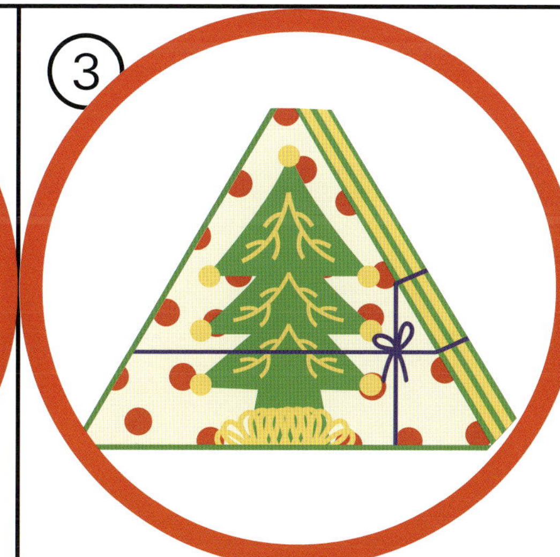

④

해당 워크북 참고 P. 25~44

질문 TIP 과제 시행 방법: "그림을 기억하세요." 라고 말한 후 잠깐의 시간을 주세요.
(기억해야 할 항목은 그릇의 개수이며, 제한시간은 5~6초입니다.)

해당 워크북 참고 P. 45~52

앞에서 본 그릇의 개수는 몇 개일까요?

①

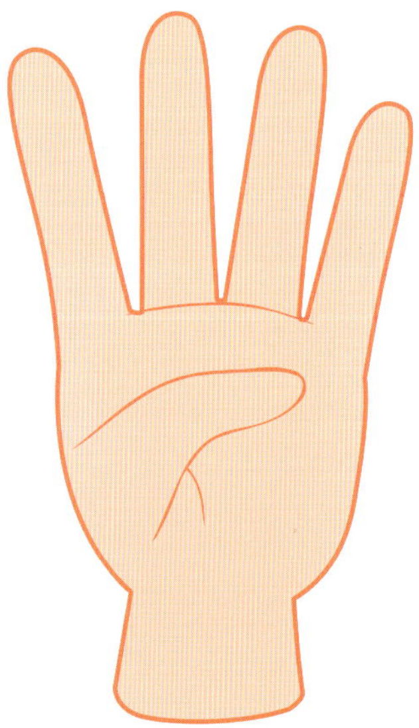

②

③

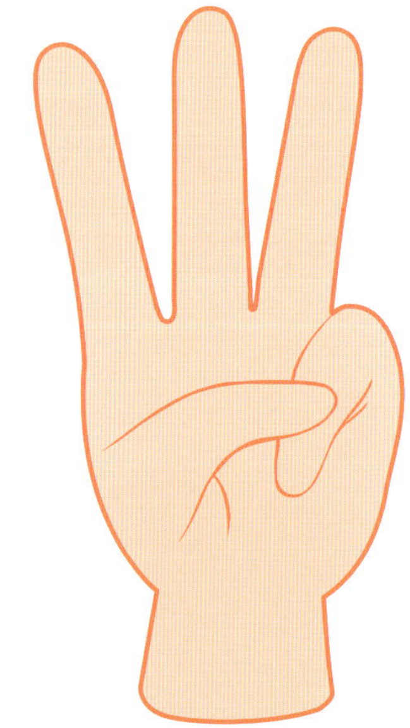

질문 TIP

과제 시행 방법: "앞에서 본 그릇의 개수는 몇 개일까요?" 라고 질문한 후 잠깐의 시간을 주세요.
(기억해야 할 항목은 그릇의 개수이고, 방해자극은 다른 손가락 개수입니다.)
정답을 잘못 맞추었더라도, 한 번 더 도전하게 해주세요.
<확장활동> 여러 개의 사물 모형을 잠깐 보여준 후, 손가락으로 개수 표현하기 활동을 할 수 있어요.

정답: 3

해당 워크북 참고 P. 45~52

1. 시지각&작업기억

질문 TIP

과제 시행 방법: "그림을 기억하세요." 라고 말한 후 잠깐의 시간을 주세요.
(기억해야 할 항목은 3개의 하트 색깔이며, 제한시간은 5~6초입니다.)

해당 워크북 참고 P. 45~52

앞에서 본 하트의 색깔은 무엇일까요?

1. 시지각&작업기억

질문 TIP

과제 시행 방법: "앞에서 본 하트의 색깔은 무엇일까요?" 라고 질문한 후 잠깐의 시간을 주세요.
(기억해야 할 항목은 하트의 색깔이고, 방해자극은 다른 하트 색깔입니다.)
정답을 잘못 맞추었더라도, 한 번 더 도전하게 해주세요.
<확장활동> <u>다양한 색깔 도형을 활용해, 시지각&작업기억 활동을 할 수 있어요.</u>

정답: 1

해당 워크북 참고 P. 45~52

1. 시지각&작업기억

질문 TIP 과제 시행 방법: "그림을 기억하세요." 라고 말한 후 잠깐의 시간을 주세요.
(기억해야 할 항목은 3개의 사물이며, 제한시간은 5~6초입니다.)

해당 워크북 참고 P. 45~52

책상 위에 있던 사물은 무엇일까요?

①

②

③

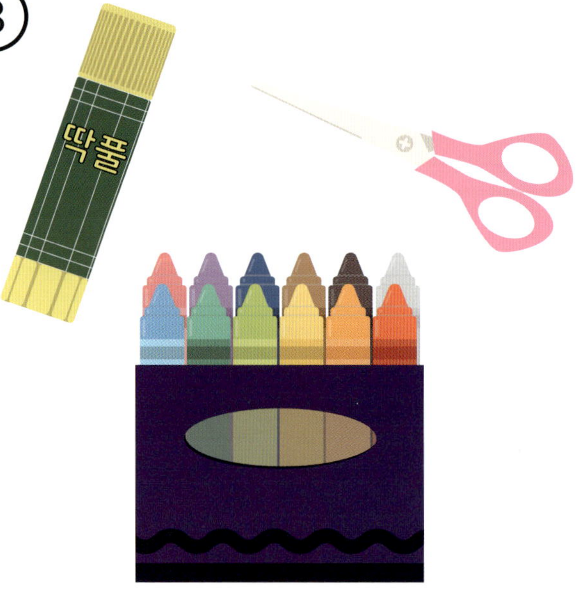

질문 TIP

과제 시행 방법: "책상 위에 있던 사물은 무엇일까요?" 라고 질문한 후 잠깐의 시간을 주세요.
(기억해야 할 항목은 3개의 사물이고, 방해자극은 다른 사물입니다.)
정답을 잘못 맞추었더라도, 한 번 더 도전하게 해주세요.
<확장활동> <u>다양한 사물을 활용해, 시지각&작업기억 활동을 할 수 있어요.</u>

정답: 3

해당 워크북 참고 P. 45~52

1. 시지각&작업기억

1. 시지각&작업기억

질문 TIP

과제 시행 방법: "그림을 기억하세요." 라고 말한 후 잠깐의 시간을 주세요.
(기억해야 할 항목은 3개의 그림이며, 제한시간은 5~6초입니다.)

①

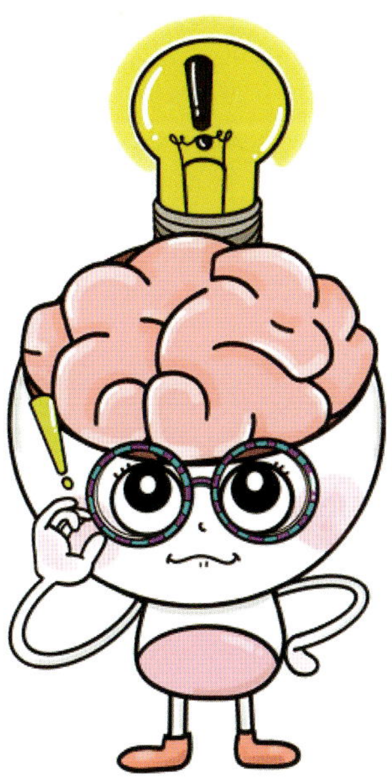

②

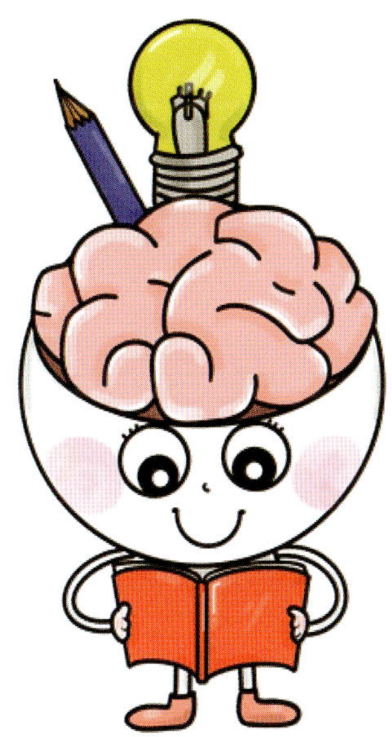

③

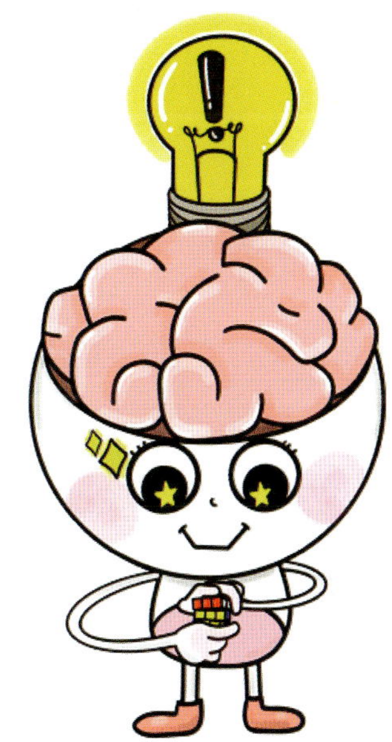

해당 워크북 참고 P. 45~52

그림에 없던 빤짝이는 누구일까요?

질문 TIP

과제 시행 방법: "그림에 없던 빤짝이는 누구일까요?" 라고 질문한 후 잠깐의 시간을 주세요.
(기억해야 할 항목은 3명의 빤짝이고, 방해자극은 다른 빤짝이입니다.)
정답을 잘못 맞추었더라도, 한 번 더 도전하게 해주세요.
<확장활동> 다양한 캐릭터 모형을 활용해, 시지각&작업기억 활동을 할 수 있어요.

정답: 2

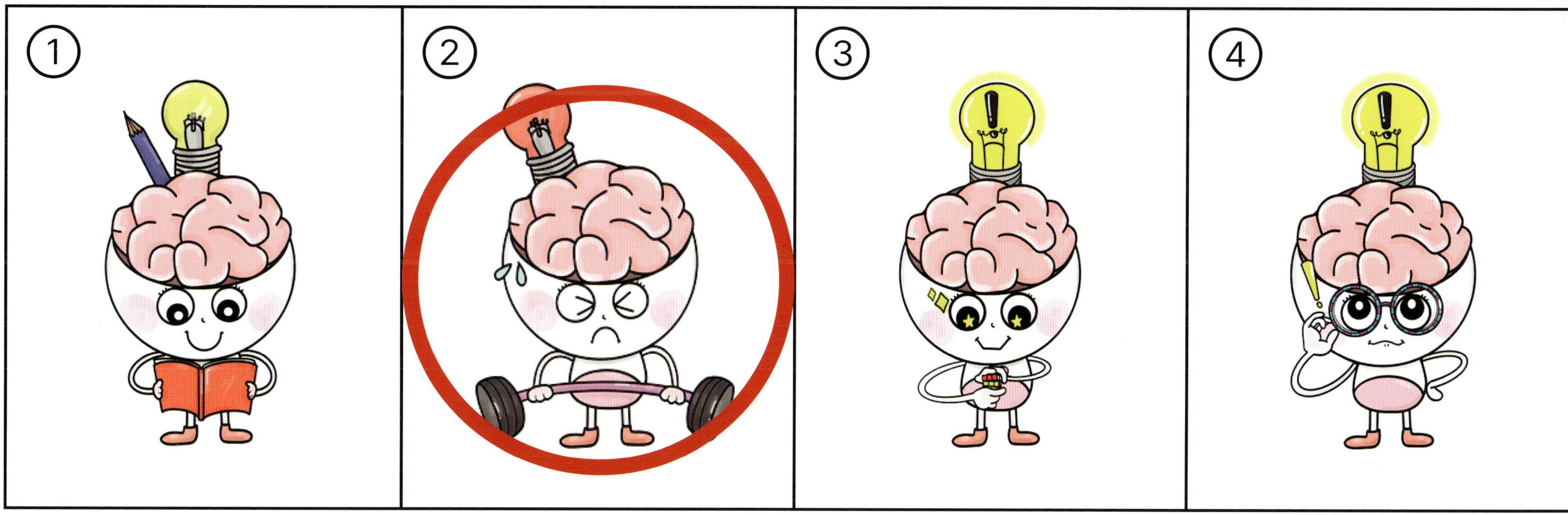

해당 워크북 참고 P. 45~52

소리를 잘 들어보세요.

①	②	③

2. 청지각&작업기억 (연습문제)

질문 TIP

과제 시행 방법: "소리를 잘 듣고, 어울리는 그림을 찾아주세요." 라고 말해주세요.

QR 코드를 찍어서 소리를 들려주세요.

소리의 순서는 비→고양이→북입니다.

주의사항: 소리가 연속으로 녹음되어 있으니, 일시정지 기능을 사용하세요.

정답을 잘못 맞추었더라도, 한 번 더 도전하게 해주세요.

★ 아동이 청각적으로 소리를 변별할 수 있는지 확인해 보아요.

소리를 듣고 정답을 맞추는 것은 지속적 주의력 및 청지각 주의력과 연관성이 있습니다.

1) 정답: 3, 비

2) 정답: 1, 고양이

3) 정답: 2, 북

①

②

③

해당 워크북 참고 P. 57~68

소리를 잘 들어보세요.

①

②

③

④

2. 청지각&작업기억

질문 TIP

과제 시행 방법: "소리를 잘 듣고, 어울리는 그림을 찾아주세요." 라고 말해주세요.

QR 코드를 찍어서 소리를 들려주세요.

소리의 순서는 닭→피아노→아기→오토바이입니다.

주의사항: 소리가 연속으로 녹음되어 있으니, 일시정지 기능을 사용하세요.

정답을 잘못 맞추었더라도, 한 번 더 도전하게 해주세요.

<확장활동> 작업기억 인지워크북에 있는 청지각&작업기억 기본편 문제도 함께 풀어보아요.

1) 정답: 1, 닭
2) 정답: 4, 피아노
3) 정답: 2, 아기
4) 정답: 3, 오토바이

① 	② 
③ 	④ 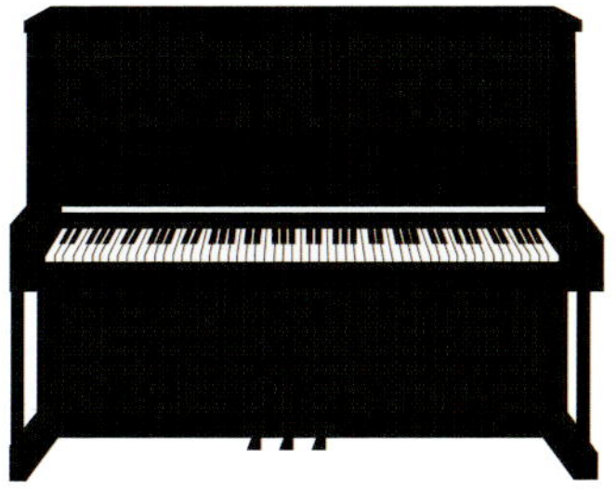

해당 워크북 참고 P. 57~68

빤짝이는 어디에 있을까요?

①

②

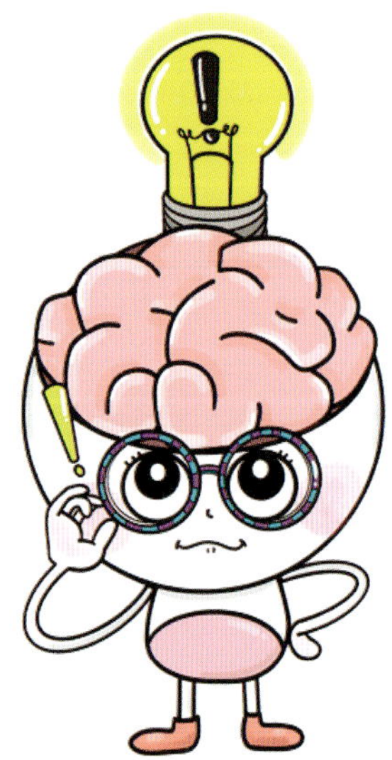

③

2. 청지각&작업기억

질문 TIP

과제 시행 방법: "빤짝이의 특징을 잘 듣고, 빤짝이가 어디에 있는지 찾아주세요." 라고 말해주세요.
(기억해야 할 항목은 빤짝이의 특징 1개입니다.)

1) 빤짝이는 **안경**을 쓰고 있어요! 빤짝이는 어디에 있을까요?
2) 빤짝이에게 **충치**가 생겼어요! 빤짝이는 어디에 있을까요?
3) 빤짝이가 **운동**을 하고 있어요! 빤짝이는 어디에 있을까요?

정답을 잘못 맞추었더라도, 한 번 더 도전하게 해주세요.

★ 청지각 시연과 단기기억 인지능력을 평가하는 과제입니다.

1) 정답: 2, 안경을 쓴 빤짝이
2) 정답: 3, 충치가 있는 빤짝이
3) 정답: 1, 운동을 하는 빤짝이

해당 워크북 참고 P. 69~78

음식은 어디에 있을까요?

①

②

③

④

2. 청지각&작업기억

질문 TIP

과제 시행 방법: "이야기를 잘 듣고, 알맞은 것을 찾아주세요." 라고 말해주세요.
(기억해야 할 항목은 1종류의 음식이고, 방해자극은 다른 음식입니다.)

1) 하림이의 식탁에는 떡볶이가 있어요!
2) 유경이의 식탁에는 치킨이 있어요!
3) 수민이의 식탁에는 햄버거가 있어요!
4) 민지의 식탁에는 피자가 있어요!

정답을 잘못 맞추었더라도, 한 번 더 도전하게 해주세요.

★ 문장을 회상하는 청지각&작업기억 과제입니다.

1) 정답: 2, 떡볶이
2) 정답: 1, 치킨
3) 정답: 4, 햄버거
4) 정답: 3, 피자

① 	② 
③ 	④ 

해당 워크북 참고 P. 69~78

2. 청지각&작업기억

마카롱은 어디에 있을까요?

①

②

③

④

질문 TIP

과제 시행 방법: “이야기를 잘 듣고, 친구들이 먹은 마카롱을 찾아주세요.” 라고 말해주세요.
(기억해야 할 항목은 1개의 마카롱이고, 방해자극은 다른 맛의 마카롱입니다.)

1) 태경이는 귤 맛 마카롱을 먹었어요.
2) 재민이는 딸기 맛 마카롱을 먹었어요.
3) 서윤이는 포도 맛 마카롱을 먹었어요.
4) 인선이는 초코 맛 마카롱을 먹었어요.

정답을 잘못 맞추었더라도, 한 번 더 도전하게 해주세요.

★ 색깔을 연상하는 청지각&작업기억 과제입니다.

1) 정답: 2, 귤 맛 마카롱
2) 정답: 4, 딸기 맛 마카롱
3) 정답: 3, 포도 맛 마카롱
4) 정답: 1, 초코 맛 마카롱

①  정답: 인선 (초코 맛 마카롱)	②  정답: 태경 (귤 맛 마카롱)
③  정답: 서윤 (포도 맛 마카롱)	④  정답: 재민 (딸기 맛 마카롱)

해당 워크북 참고 P. 69~78

2. 청지각&작업기억

소리를 잘 들어보세요.

①

1번 / 2번 / 3번

②

1번 / 2번 / 3번

③

1번 / 2번 / 3번

④

1번 / 2번 / 3번

질문 TIP

과제 시행 방법: "소리를 잘 들어보세요." 라고 말해주세요. QR 코드를 찍어 소리를 들려주세요.

1) 강아지는 몇 번 짖었나요?
2) 벨은 몇 번 울렸나요?
3) 아기는 몇 번 웃었나요?
4) 박수는 몇 번 쳤나요?

주의사항: 소리가 연속으로 녹음되어 있으니, 일시정지 기능을 사용하세요.

정답을 잘못 맞추었더라도, 한 번 더 도전하게 해주세요.

<확장활동> 실제 벨이나 실로폰, 멜로디언 등의 악기를 활용해 몇 번 소리가 났는지 기억하기 게임을 할 수 있어요.

1) 정답: 강아지, 1번
2) 정답: 벨, 2번
3) 정답: 아기, 2번
4) 정답: 박수, 3번

①  1번 / 2번 / 3번	②  1번 / 2번 / 3번
③  1번 / 2번 / 3번	④  1번 / 2번 / 3번

해당 워크북 참고 P. 57~68

2. 청지각&작업기억

빤짝이가 좋아하는 과일은 무엇일까요?

①

②

③

④

2. 청지각&작업기억

질문 TIP

과제 시행 방법: "이야기를 잘 듣고, 빤짝이와 좋아하는 과일을 찾아주세요." 라고 말해주세요.

(기억해야 할 항목은 빤짝이의 특징과 빤짝이가 좋아하는 과일입니다.)

1) 근육이 있는 빤짝이는 망고를 좋아해요. 근육이 있는 빤짝이는 어디에 있고, 좋아하는 과일은 무엇일까요?

2) 로켓을 타고 있는 빤짝이는 사과를 좋아해요. 로켓을 타고 있는 빤짝이는 어디에 있고, 좋아하는 과일은 무엇일까요?

3) 책을 읽고 있는 빤짝이는 키위를 좋아해요. 책을 읽고 있는 빤짝이는 어디에 있고, 좋아하는 과일은 무엇일까요?

4) 운동을 하고 있는 빤짝이는 복숭아를 좋아해요. 운동을 하고 있는 빤짝이는 어디에 있고, 좋아하는 과일은 무엇일까요?

정답을 잘못 맞추었더라도, 한 번 더 도전하게 해주세요.

★ 문장을 회상하는 청지각&작업기억 과제입니다.

1) 정답: 2, 망고

2) 정답: 3, 사과

3) 정답: 1, 키위

4) 정답: 4, 복숭아

해당 워크북 참고 P. 69~78

2. 청지각&작업기억

친구의 도시락은 어디 있을까요?

① 

② 

③ 

④ 

2. 청지각&작업기억

질문 TIP

과제 시행 방법: "이야기를 잘 듣고, 친구들의 도시락을 찾아주세요." 라고 말해주세요.
(기억해야 할 항목은 도시락의 모양과 음식입니다.)

1) 지율이 도시락은 샌드위치가 있는 동그란 모양이에요.
2) 채율이 도시락은 김밥이 있는 세모 모양이에요.
3) 수은이 도시락은 네모 모양이고, 돈가스가 들어있어요.
4) 건율이 도시락은 하트 모양이고, 새우튀김이 들어있어요.

정답을 잘못 맞추었더라도, 한 번 더 도전하게 해주세요.

★ 모양과 음식의 종류를 인지하는 청지각&작업기억 과제입니다.

1) 정답: 3
2) 정답: 2
3) 정답: 4
4) 정답: 1

①  정답: 건율 (하트 모양, 새우튀김)	②  정답: 채율 (세모 모양, 김밥)
③  정답: 지율 (동그란 모양, 샌드위치)	④  정답: 수은 (네모 모양, 돈가스)

해당 워크북 참고 P. 69~78

친구의 구슬은 어떤 색깔일까요?

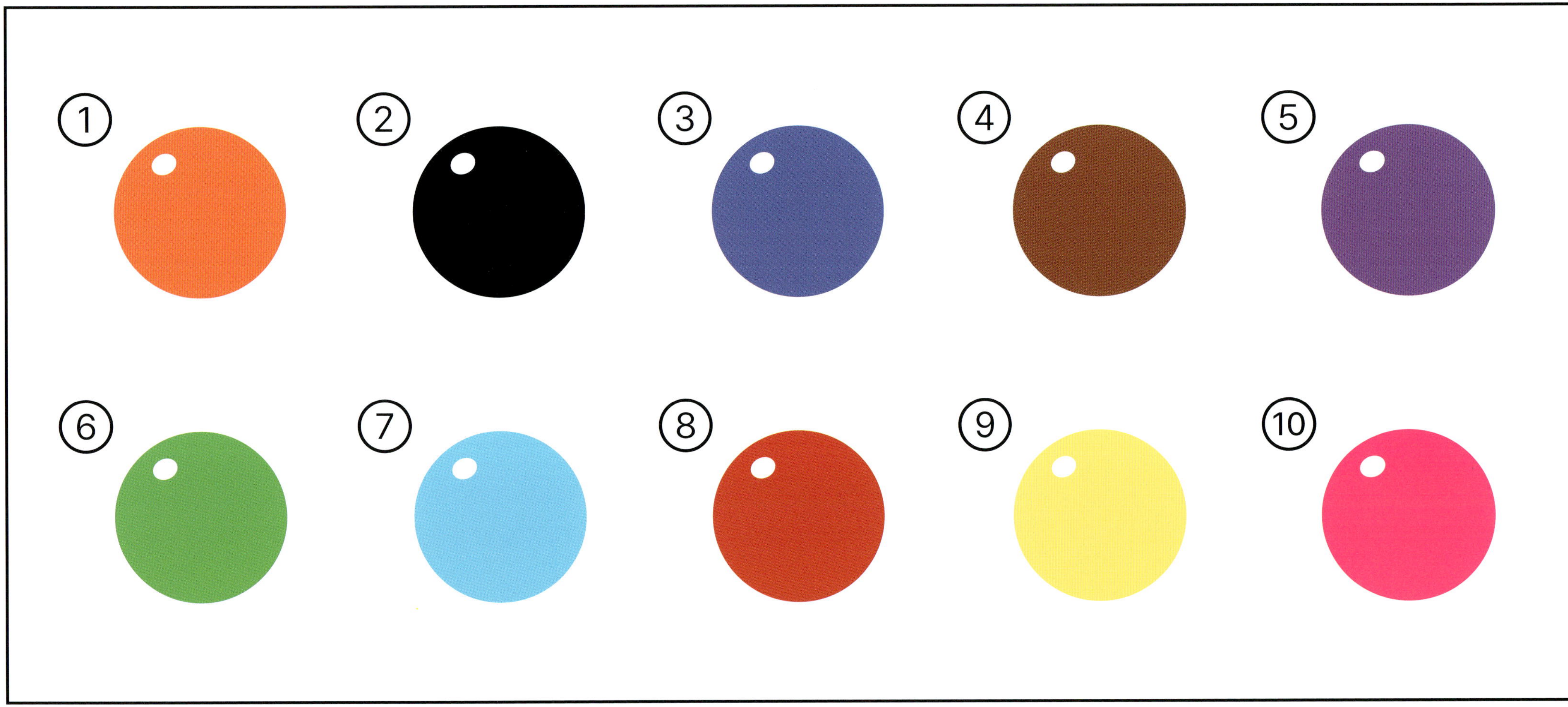

2. 청지각&작업기억

질문 TIP

과제 시행 방법: "이야기를 잘 듣고, 친구가 갖고 있는 구슬을 찾아주세요." 라고 말해주세요.
(기억해야 할 항목은 2개의 구슬 색깔이고, 방해자극은 다른 색깔의 구슬입니다.)

1) 충림이는 빨간색 구슬과 파란색 구슬을 갖고 있어요.
2) 동혁이는 검은색 구슬과 보라색 구슬을 갖고 있어요.
3) 한민이는 주황색 구슬과 갈색 구슬을 갖고 있어요.
4) 재원이는 노란색 구슬과 초록색 구슬을 갖고 있어요.

정답을 잘못 맞추었더라도, 한 번 더 도전하게 해주세요.

★ 색깔을 인지하는 청지각&작업기억 과제입니다.

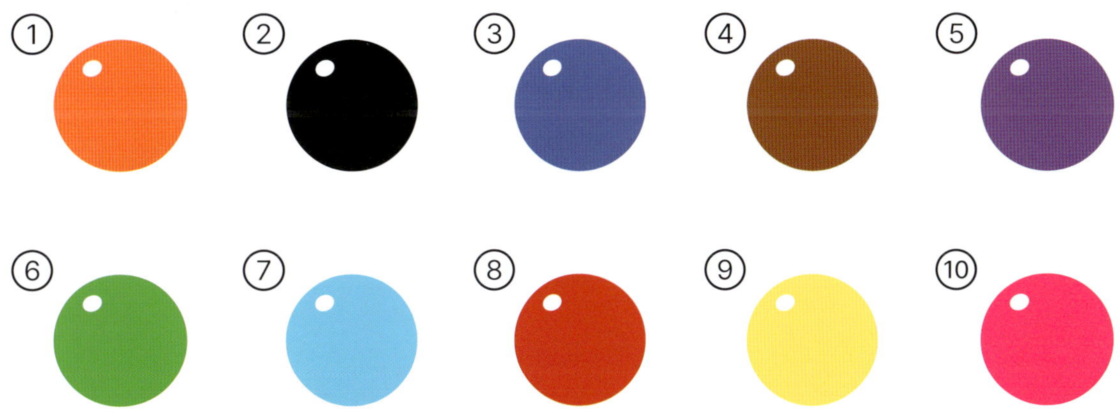

1) 정답: 8, 3
2) 정답: 2, 5
3) 정답: 1, 4
4) 정답: 9, 6

해당 워크북 참고 P. 69~78

2. 청지각&작업기억

숫자를 순서대로 말하면서 찾아주세요.

9	5	7	1	3
4	6	2	8	0

2. 청지각&작업기억

질문 TIP

과제 시행 방법: “이야기를 잘 듣고, 해당하는 숫자를 말하면서 찾아주세요.” 라고 말해주세요.

(기억해야 할 항목은 2개의 숫자이고, 방해자극은 다른 숫자입니다.)

1) 숫자 1, 3을 순서대로 말하면서 찾아주세요.
2) 숫자 2, 5를 순서대로 말하면서 찾아주세요.
3) 숫자 4, 7을 순서대로 말하면서 찾아주세요.
4) 숫자 6, 8을 순서대로 말하면서 찾아주세요.

정답을 잘못 맞추었더라도, 한 번 더 도전하게 해주세요.

<확장활동> 다른 숫자도 들려준 후에 숫자 기억하기 게임을 할 수 있어요.

★ 숫자를 기억하고 바로 따라 말하는 것은, 머릿속 조작을 위해 필요한 언어적 자극을 입력하는 과정입니다.

9 5 7 1 3

4 6 2 8 0

1) 정답: 1, 3
2) 정답: 2, 5
3) 정답: 4, 7
4) 정답: 6, 8

해당 워크북 참고 P. 69~78

2. 청지각&작업기억

친구가 갖고 놀지 않은 장난감은 무엇일까요?

① <준하>

② <동준>

③ <나연>

④ <선웅>

2. 청지각&작업기억

질문 TIP

과제 시행 방법: "이야기에서 들려주지 않은 장난감 1개를 찾아주세요." 라고 말해주세요.
(기억해야 할 항목은 2개의 장난감이고, 방해자극은 다른 장난감입니다.)

1) 준하는 **소방차, 경찰차** 장난감을 갖고 놀았어요. 갖고 놀지 않은 장난감은 무엇일까요?
2) 동준이는 **버스, 배** 장난감을 갖고 놀았어요. 갖고 놀지 않은 장난감은 무엇일까요?
3) 나연이는 **여자 인형, 블록** 장난감을 갖고 놀았어요. 갖고 놀지 않은 장난감은 무엇일까요?
4) 선웅이는 **로봇, 곰 인형** 장난감을 갖고 놀았어요. 갖고 놀지 않은 장난감은 무엇일까요?

정답을 잘못 맞추었더라도, 한 번 더 도전하게 해주세요.

★ 사물을 인지하는 청지각&작업기억 과제입니다.

1) 정답: 구급차
2) 정답: 비행기
3) 정답: 퍼즐
4) 정답: 게임기

① <준하>	② <동준> 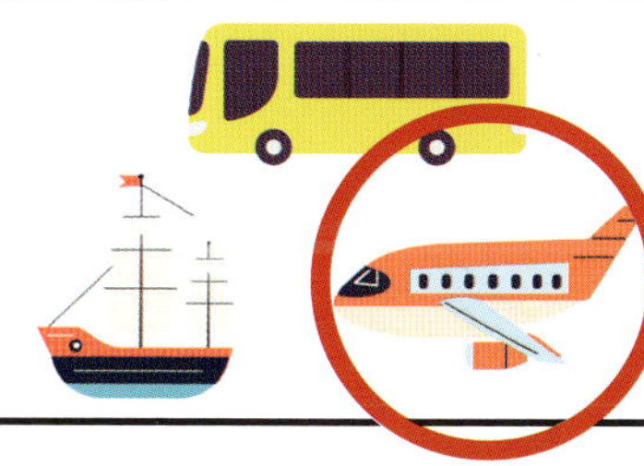
③ <나연> 	④ <선웅> 

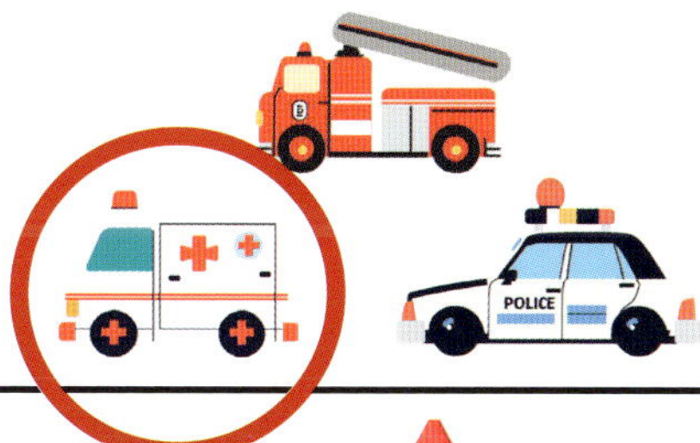

해당 워크북 참고 P. 69~78

2. 청지각&작업기억

간식을 찾아주세요.

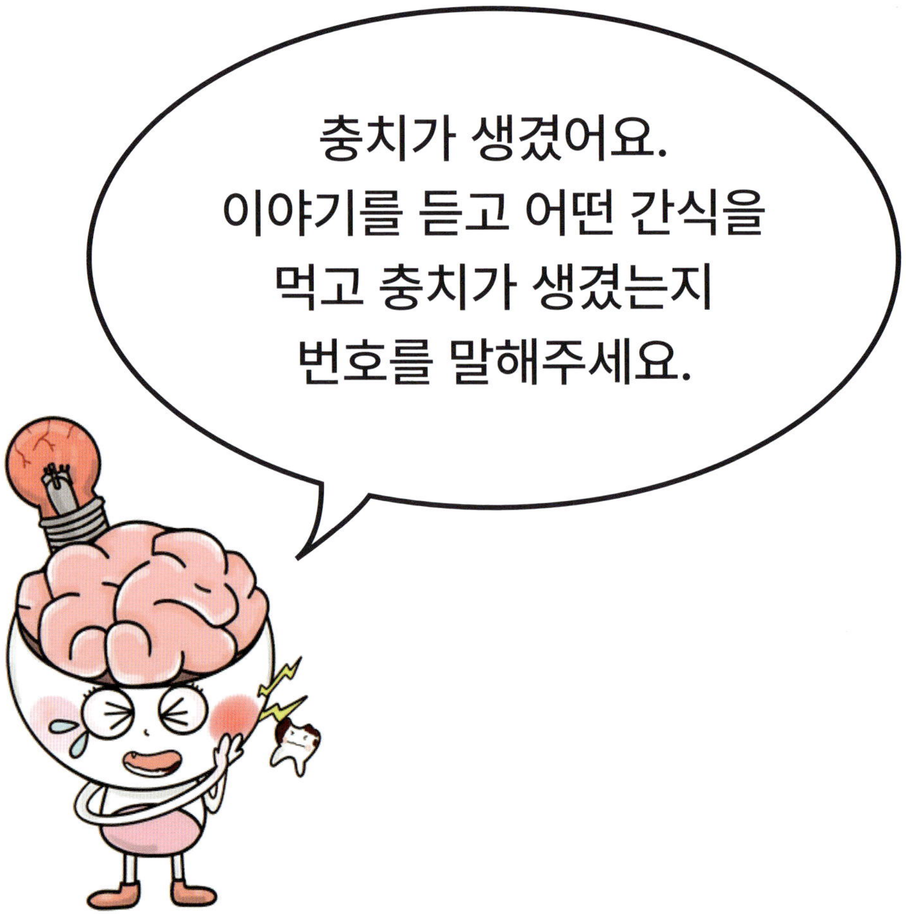

2. 청지각&작업기억

질문 TIP

과제 시행 방법: "이야기를 잘 듣고, 간식을 찾아주세요." 라고 말해주세요.

(기억해야 할 항목은 3개의 간식이고, 방해자극은 다른 간식입니다.)

1) 빤짝이는 **초콜릿, 탕후루, 젤리**를 많이 먹어서 충치가 생겼어요. 빤짝이가 먹은 간식을 무엇일까요?

2) 빤짝이는 **솜사탕, 마카롱, 사탕**을 많이 먹어서 충치가 생겼어요. 빤짝이가 먹은 간식을 무엇일까요?

3) 빤짝이는 **도넛, 쿠키, 케이크**를 많이 먹어서 충치가 생겼어요. 빤짝이가 먹은 간식을 무엇일까요?

정답을 잘못 맞추었더라도, 한 번 더 도전하게 해주세요.

★ 청지각 주의력 및 청각적 시연 인지능력을 평가하는 과제입니다.

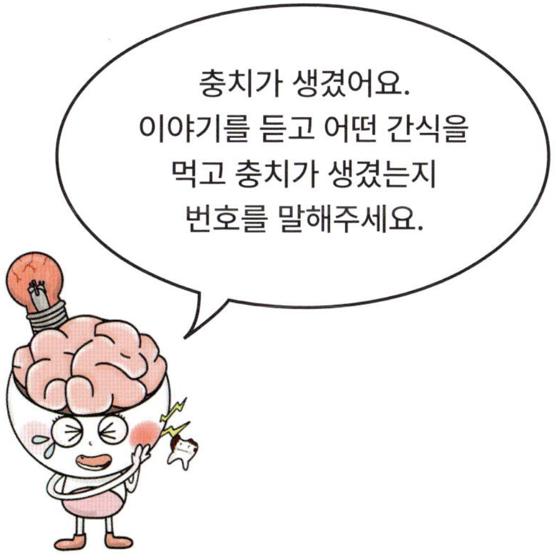

1) 정답: 10, 4, 3

2) 정답: 9, 1, 8

3) 정답: 7, 6, 2

해당 워크북 참고 P. 69~78

물감의 색깔을 찾아주세요.

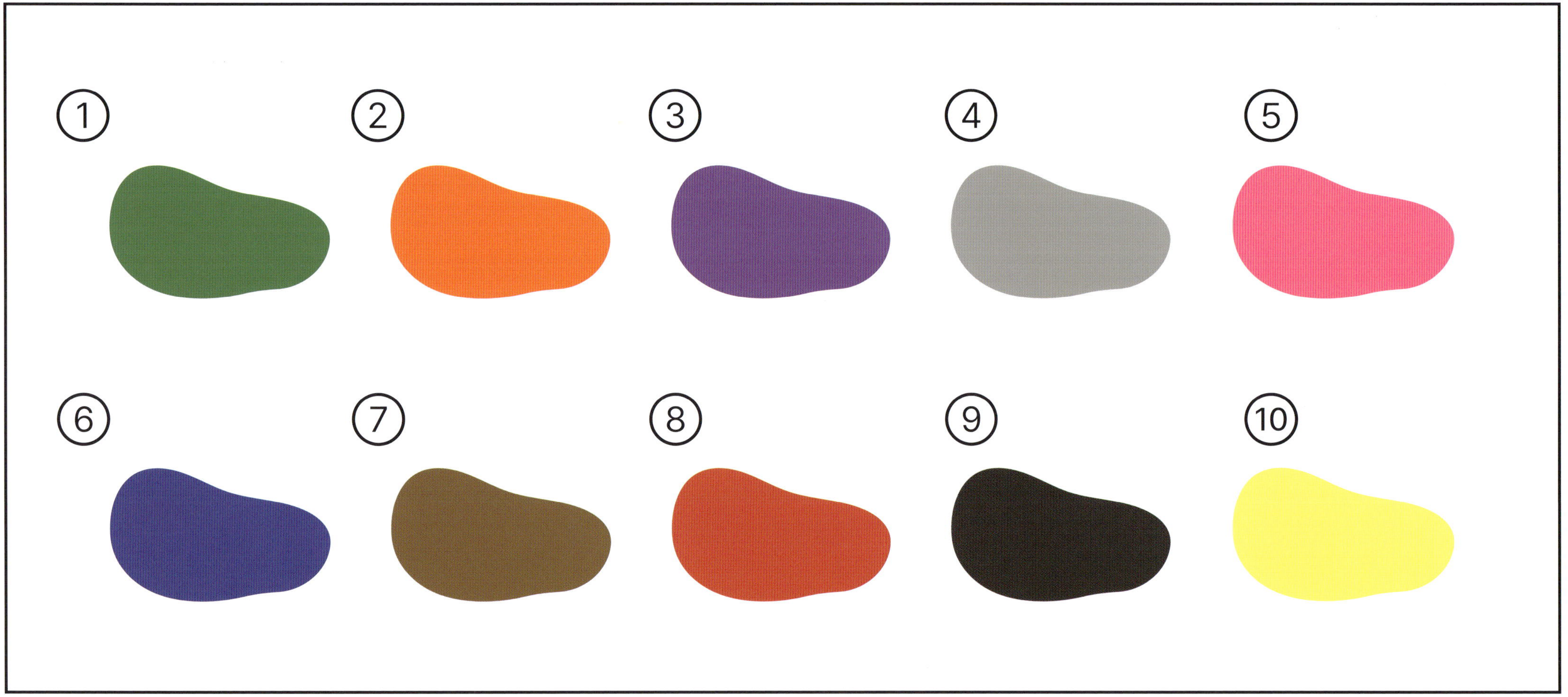

2. 청지각&작업기억

질문 TIP

과제 시행 방법: "이야기를 잘 듣고, 물감의 색깔을 찾아주세요." 라고 말해주세요.

(기억해야 할 항목은 3개의 물감 색깔이고, 방해자극은 다른 물감의 색깔입니다.)

1) 나율이의 물감 색깔은 분홍색, 파란색, 보라색입니다.
2) 수진이의 물감 색깔은 검은색, 초록색, 빨간색입니다.
3) 단영이의 물감 색깔은 노란색, 회색, 갈색입니다.

정답을 잘못 맞추었더라도, 한 번 더 도전하게 해주세요.

<확장활동> <u>색깔이 다른 피규어 교구를 활용해 색깔 기억하기 게임을 할 수 있어요.</u>

★ 색깔을 인지하는 청지각&작업기억 과제입니다.

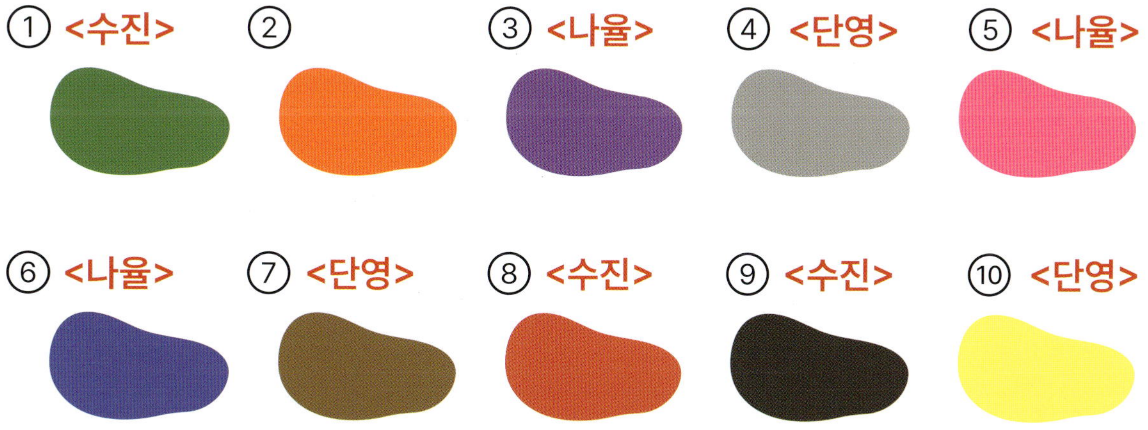

1) 정답: 5, 6, 3
2) 정답: 9, 1, 8
3) 정답: 10, 4, 7

해당 워크북 참고 P. 69~78

냉장고를 찾아주세요.

①

②

③

④

2. 청지각&작업기억

질문 TIP

과제 시행 방법: "이야기를 잘 듣고, 알맞은 냉장고를 찾아주세요." 라고 말해주세요.

(기억해야 할 항목은 3종류의 음식과 냉장고 색깔입니다.)

1) 회색 냉장고 안에 치즈, 사이다, 달걀이 있어요.
2) 흰색 냉장고 안에 물, 김치, 초콜릿이 있어요.
3) 흰색 냉장고 안에 소세지, 두부, 콜라가 있어요.
4) 회색 냉장고 안에 요구르트, 딸기우유, 고기가 있어요.

정답을 잘못 맞추었더라도, 한 번 더 도전하게 해주세요.

<확장활동> <u>장난감을 활용해 냉장고 안에 있었던 음식 기억하기 게임을 할 수 있어요.</u>

1) 정답: 4
2) 정답: 1
3) 정답: 2
4) 정답: 3

① 	② 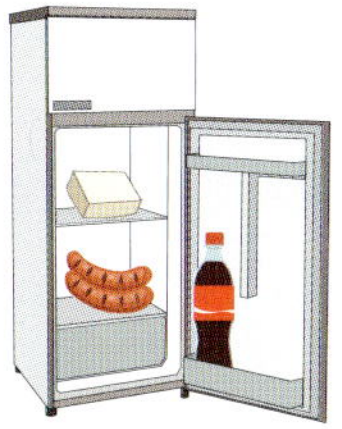
③ 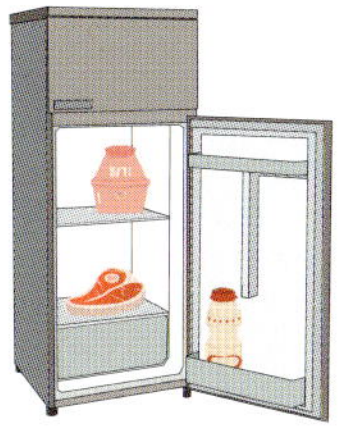	④ 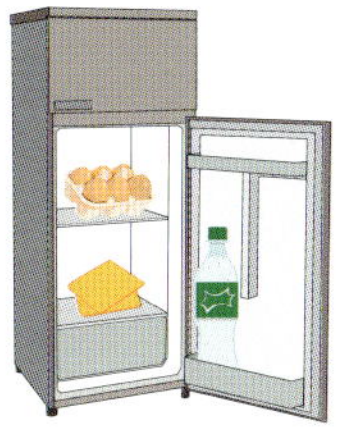

해당 워크북 참고 P. 69~78

동물과 숫자를 말하면서 찾아주세요.

질문 TIP

과제 시행 방법: "이야기를 잘 듣고, 동물과 숫자를 말하면서 찾아주세요." 라고 말해주세요.
(기억해야 할 항목은 3개이고, 방해자극은 다른 숫자와 동물입니다.)

1) 숫자 6, 사자와 고양이를 말하면서 찾아주세요.
2) 숫자 7과 5, 원숭이를 말하면서 찾아주세요.
3) 캥거루, 숫자 3과 9를 말하면서 찾아주세요.
4) 판다, 호랑이와 숫자 4를 말하면서 찾아주세요.

정답을 잘못 맞추었더라도, 한 번 더 도전하게 해주세요.

★ 단기 초점적 주의력, 청각적 변별, 시각적 시연 인지능력을 평가하는 과제입니다.

1) 정답: 6, 사자, 고양이
2) 정답: 7, 5, 원숭이
3) 정답: 캥거루, 3, 9
4) 정답: 판다, 호랑이, 4

해당 워크북 참고 P. 69~78

2. 청지각&작업기억

알맞은 것을 찾아주세요.

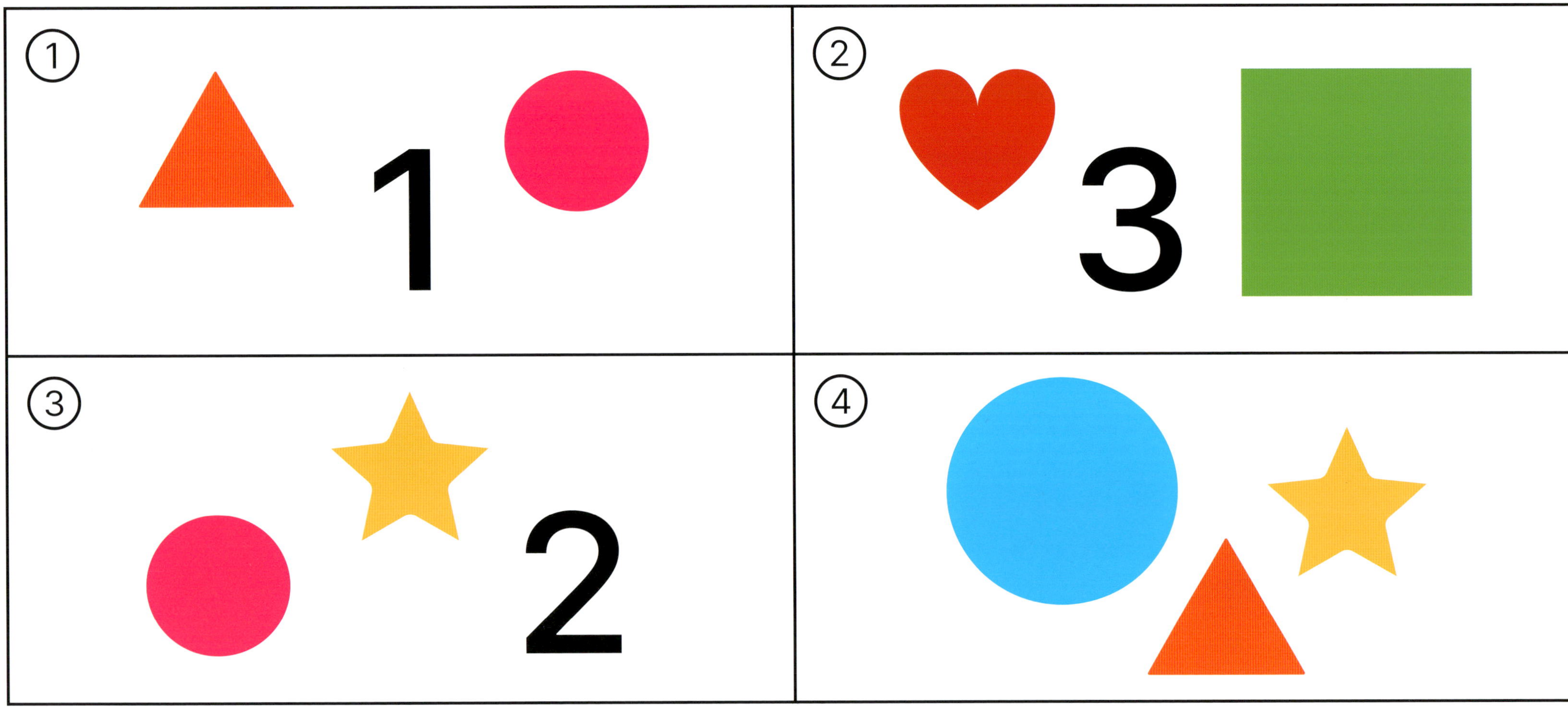

2. 청지각&작업기억

질문 TIP

과제 시행 방법: "이야기를 잘 듣고, 알맞은 것을 찾아주세요." 라고 말해주세요.
(기억해야 할 항목은 3개이고, 방해자극은 다른 모양과 숫자입니다.)

1) 주황색 세모, 크기가 큰 동그라미, 노란색 별이 있어요.
2) 노란색 별, 분홍색 동그라미, 숫자 2가 있어요.
3) 크기가 큰 네모, 빨간색 하트, 숫자 3이 있어요.
4) 크기가 작은 동그라미, 주황색 세모, 숫자 1이 있어요.

정답을 잘못 맞추었더라도, 한 번 더 도전하게 해주세요.

★ 크기와 모양, 숫자, 색깔을 인지하는 청지각&작업기억 과제입니다.

1) 정답: 4
2) 정답: 3
3) 정답: 2
4) 정답: 1

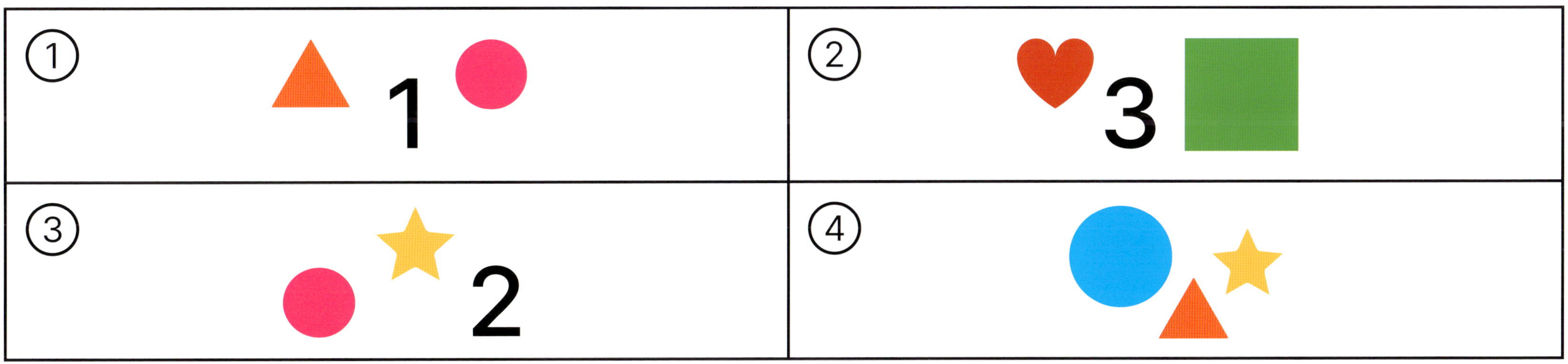

해당 워크북 참고 P. 69~78

참고 문헌

- 곽금주,and 김청택. “한국 웩슬러아동지능검사 (K-WISC-3) 표준화연구 (1): 신뢰도와 구성타당도.” 한국심리학회지 발달 15.1 (2002): 19-33.
- 이경옥,박혜원,and 이상희. “한국 웩슬러 유아지능검사 4판(K-WPPSI-IV)의 지능구조 분석.” 한국아동학회 학술발표논문집 2016.5 (2016): 117-118.
- 박혜원(Hye Won Park),서예나(Ye Na Seo),and 이진숙(Jin Suk Lee). “한국 웩슬러유아지능검사 4판(K-WPPSI-IV)의 공준타당도 연구.” 아동학회지 36.1 (2015): 65-83.
- 김주현(Juhyun Kim),and 박혜원(Hyewon Park). “영재유아와 일반유아의 웩슬러 유아지능검사 수행에 대한 문헌 분석: 한국 및 미국 유아의 비교.
- 이경옥(KyungOk Lee),박혜원(Hyewon Park),and 이상희(Sanghee Lee). “한국 웩슬러 유아지능검사 4판(K-WPPSI-IV)의 지능구조에 관한 연구. ” 아동학회지 37.6 (2016): 107-117.” 인지발달중재학회지 12.1 (2021): 23-47.
- 박혜원(Hye Won Park),and 이정미(Jung Mee Lee). “자폐 아동의 특성에 따른 K - WPPSI 수행 분석.” 아동학회지 23.4 (2002): 185-197.
- 문수백. “WISC-IV 보충하위검사의 심리측정적 대체능력 검증.” 발달장애연구 15.1 (2011): 147-177.
- 김상원,and 김충육. “아동 인지능력 평가의 최근 동향: CHC이론과 K-WISC-IV.” 한국심리학회지 학교 8.3 (2011): 337-358.
- 김선은,and 최종옥. “K-WISC-IV의 요인구조 분석.” Korean Journal of Clinical Psychology 33.1 (2014): 93-105.
- 조은진(Eun Jin Cho),이신동(Shin Dong Lee),이상희(Sang Hee Lee),and 김진호(Jin Ho Kim). “유동추론 훈련 효과의 메타분석.” 영재와 영재교육 23.1 (2024): 27-49.
- 조수현. “유동 지능에 따른 인지 제어 관련 뇌 활동의 차이 분석.” 한국심리학회지 인지 및 생물 23.3 (2011): 431-463.
- 김은정. “귀납적 추론과 연역적 추론 중심의 교수방법이 유아의 수학능력, 수학적 성향과 창의성에 미치는 영향.” 유아교육학논집 22.6 (2018): 169-195.
- 유회연(Liu Huijuan),and 문경숙(Moon Kyoung-Suk). “사물과 사물 명칭의 친숙성이 중국 아동의 귀납적 추론에 미치는 영향.” 학습자중심교과교육연구 20.10 (2020): 533-553.
- 장래혁. “[뇌과학 탐험] 뇌가소성, 뇌는 훈련하면 변화한다.” 브레인 55.- (2015): 60-61.
- 황경렬. “단측 뇌손상과 한국판 웩슬러 지능검사.” 정서≡행동장애연구 6.1 (1990): 14-21.
- Allen D N ,Thaler N S ,Donohue B ,Mayfield J . “WISC-IV Profiles in Children With Traumatic Brain Injury: Similarities to and Differences From the WISC-III” Psychological assessment : 57-64.
- Mayes S D ,Calhoun S L . “WISC-IV and WISC-III Profiles in Children With ADHD” Journal of Attention Disorders : 486-493.
- Audras-Torrent Lee,Miniarikova Ela,Couty Flore,Dellapiazza Florine,Berard Mathilde,Michelon Cécile,Picot Marie-Christine,Baghdadli Amaria. “WISC-V Profiles and Their Correlates in Children with Autism Spectrum Disorder without Intellectual Developmental Disorder: Report from the ELENA Cohort” Autism Research : 997-1006.
- Susana P Urbina,Julia P Clayton. “WPPSI-R/WISC-R: A Comparative Study” Journal of psychoeducational assessment : 247–254.
- McCrowell K L , Nagle R J . “Comparability of the WPPSI-R and the S-B:IV among Preschool Children” Journal of psychoeducational assessment : 126.
- Gibbons Aisa,Warne Russell T . “First publication of subtests in the Stanford-Binet 5, WAIS-IV, WISC-V, and WPPSI-IV” Intelligence : 9-18.

PARADISE
복지재단

계원예술대학교